从 组 织 行 为 看 全 过 程 管 理

EPC

One Project! One Team! One Goal!

EPC 工程总承包
全过程管理

THE WHOLE CYCLE MANAGEMENT OF EPC PROJECT

李　森　张水波　编著

中国建筑工业出版社

EPC One Project! One Team! One Goal!

前　言

2016年2月，中共中央、国务院印发《关于进一步加强城市规划建设管理工作的若干意见》，明确提出要"深化建设项目组织实施方式改革，推广工程总承包制"。 2017年2月，国务院办公厅印发《关于促进建筑业持续健康发展的意见》，进一步明确要"加快推行工程总承包"、"培育全过程工程咨询"。 2016年5月，住房和城乡建设部印发《关于进一步推进工程总承包发展的若干意见》，与此同时，浙江、上海、福建、广东、广西、湖南、湖北、四川、吉林等多省市陆续开展工程总承包试点，房屋建筑和市政行业工程总承包市场不断扩大。

2017年5月4日，住房和城乡建设部发布第1535号公告，批准国家标准《建设项目工程总承包管理规范》 GB/T 50358—2017自2018年1月1日起正式实施。原国家标准《建设项目工程总承包管理规范》 GB/T 50358—2005同时作废。新版规范（GB/T 50358—2017）在原规范的基础上进行了优化，从质量、安全、费用、进度、职业健康、环境保护和风险管理入手，并将其贯穿于设计、采购、施工和试运行全过程，全面阐述工程总承包项目管理的全过程。 2018年2月，新版规范（GB/T 50358—2017）编写组相关人员又配套出版了《建设项目工程总承包管理规范实施指南》，对提高我国建设项目工程总承包管理水平，推进工程建设领域高质量发展起到了积极的作用。

为进一步贯彻落实党中央和国务院相关文件的精神，使大家系统深入地理解工程总承包全过程管理，我们运用体系思想、全过程思维、大质量概念和风险思维理念，从组织行为管理入手，搜集了大量的工程实践资料，进行系统的总结与提炼，历经三年，撰写了《EPC工程总承包全过程管理》一书，对工程建设企业在新时代下实施"一带一路"倡议，如何让《建设项目工程总承包管理规范》 GB/T 50358—2017和《质量管理体系 要求》 GB/T 19001—2016国家标准更有效地发挥作用，加速推动企业高质量转型升级具有现实意义和实用意义。

本书是继中国勘察设计协会负责组织修编的《建设项目工程总承包管理规范》（GB/T 50358—2017），中国石油和化工勘察设计协会、中国勘察设计协会建设项目管理和工程总承包分会作为主编单位，中国寰球工程有限公司作为副总编单位，组织编写的《建设项目工程总承包管理规范实施指南》之后，又一部在业界具有重要参考价值的专业管理书。

本书从组织行为管理角度看EPC工程总承包全过程管理，研究工程总承包全过程的组织行为和管理与《质量管理体系 要求》 GB/T 19001—2016的"策划-实施-检查-处置的PDCA"过程方法和基于风险的思维是一致的。本书分为五篇，共25章。第1篇 组织和策划，主要包括：第1章 工程总承包管理的组织、第2章 项目有关要求、第3章 工程总承包策划控制；第2篇 设计和开发，主要是：第4章 工程总承包项目的设计和开发；

第 3 篇 采购管理，主要是：第 5 章 项目采购管理；第 4 篇 实施过程控制，主要包括：第 6 章 工程总承包项目实施过程控制总要求、第 7 章 项目施工管理、第 8 章 项目试运行管理、第 9 章 项目风险管理、第 10 章 项目质量管理、第 11 章 项目职业健康安全和环境管理、第 12 章 项目进度管理、第 13 章 项目费用管理、第 14 章 项目资源管理、第 15 章 项目沟通与信息管理、第 16 章 工程总承包合同管理、第 17 章 项目收尾、第 18 章 标识和可追性管理、第 19 章 顾客或外部供方财产控制、第 20 章 工程总承包项目防护、第 21 章 工程总承包项目移交后服务、第 22 章 工程总承包项目更改的控制、第 23 章 工程总承包项目放行的控制、第 24 章 工程总承包项目不合格品控制；第 5 篇 绩效评价，主要是：第 25 章 检查、改进和绩效评价。其中第 4 篇，第 6 章是对第 7 章至 24 章的总体要求，除第 6 章外，本书其他章均对"组织行为及管理重点"进行了详细介绍，涵盖了项目设计、采购、施工、试运行、交付以及交付后活动等全过程的质量、安全、费用、进度、职业健康和环境保护、风险、合同、信息、知识等管理活动。

撰写本书时，充分考虑了《建设项目工程总承包管理规范》GB/T 50358—2017 和《质量管理体系 要求》GB/T 19001—2016 两个标准的结合，旨在为企业工程总承包管理和控制如何超出《质量管理体系 要求》GB/T 19001—2016 标准要求，提供了要求和评价准则。

衷心希望本书能够为管理者追求以技术为核心的高质量发展方式持经达变，增加组织动力。使企业在工程建设领域行稳致远。同时，本书在撰写中，由于对规范和标准理解角度不同，难免会有一些疏漏和不完善、不确切甚至不妥之处，敬请广大读者予以指正。

致谢：

中国石油和化工勘察设计协会理事长，中国勘察设计协会副理事长、建设项目管理和工程总承包分会会长荣世立；

中国勘察设计协会副秘书长汪祖进、副秘书长兼《中国勘察设计》杂志社社长郝莹、行业发展部主任侯丽娟；

中国寰球工程有限公司执行董事王新革、总经理魏亚斌，副总经理：黄勇华、范喜哲、宋少光；北京寰球公司总经理张加珍、副总经理侯占宁；

天津大学吕文学教授、陈勇强教授；

北京理工大学陈翔教授；

英国皇家特许建造学会中国区总经理梁玉；

中国石化工程建设有限公司副总经理张秀东；

中国中元国际工程有限公司副总经理张日、国际工程事业部总经理马杰；

中国建筑股份有限公司首任总工程师、中信和业投资有限公司原副董事长、总经理、技术总顾问、 CTBUH 全球奖（终身成就奖）获得者 王伍仁；

中衡设计集团股份有限公司董事长兼首席总建筑师冯正功、总经理兼总工程师张瑾；

中建一局集团建设发展有限公司董事长廖钢林、副总经理兼总工程师周予启；

江苏釜鼎能源科技有限公司董事长裴爱芳、总经理刘坤；

沃利工程技术有限公司（Worley China）中国区总裁邱鸿、高级副总裁郝杰；

中国电子工程设计院有限公司副总经理郭惠平、教授级高级工程师姜玉琴；

中国有色金属建设股份有限公司鑫都矿业有限公司执行总裁邵尼华；

中国瑞林工程技术股份有限公司原副总经理徐赤农；

中国电建集团西北勘测设计研究院副总工程师赵忠会、建设公司副总经理侯纪坤；

中信工程设计建设有限公司总经理金志宏；

中建安装集团有限公司中信大厦（中国尊）机电总承包项目经理丁锐、总工贺小军；

北京市中伦（上海）律师事务所合伙人周月平律师；

联合建管（北京）管理咨询有限责任公司董事长邱闯；

上海柴油机股份有限公司原质量策划经理、国家注册审核员、高级工程师孙毅；

北京全路通信信号研究设计院集团有限公司建筑院副总规划师管颂扬；

北京中设认证服务有限公司总经理、国家注册审核员张崇武；

北京中标联云信息技术有限公司总经理张想想等专家管理者提出的宝贵建议。

感谢本书引用的所有标准和著作及其相关资料的作者们。

特别感谢本书其他作者、国家注册审核员、高级工程师、质量安全管理专家都浩。

在本书撰写过程中，张鸿超、孙复斌、王瑞、夏刚宁、王善杰、王岩等专家对照 GB/T 50358—2017 和 GB/T 19001—2016 国家标准，对本书进行了标准化审查，同时得到了吴琼、李明双、孙哲、邱飞雨、孙希华、李梦瑶、刘浩然、徐锋、方一宇、崔月冬、国滨、高乾宇、石晨飞、杨宇宸和天津大学有关老师的支持和帮助，我们在此一并表示感谢。

李 森 张水波

2020 年 5 月 5 日

目　录

EPC

One Project! One Team! One Goal!

第1篇　组织和策划

第1章
工程总承包管理的组织

最高管理者应确保组织相关岗位的职责、权限得到分配、沟通和理解。

在 GB/T 19001 中，"组织"被定义为实现目标，由职责、权限和相互关系构成自身功能的一个人或者一组人。组织结构就是组织正式确定的使工作任务得以分配、组合和协调的框架体系。在实际的工程项目管理活动中，最高管理者应合理地设置组织机构，建立项目管理机制，分配职能和权利，包括选择合适的人员从事某项工作等。组织结构和组织的岗位不是一成不变的，应结合组织内外部环境进行优化和调整，以提高组织绩效，实现组织目标。

1.1 引言

从组织行为角度看工程总承包全过程管理，组建工程总承包项目团队在工程项目管理中非常重要，没有高质量的团队就没有高质量的项目，而根据项目目标组建适宜的项目管理团队是工程项目成功的前提和保障。

1.2 一般规定

1.2.1 工程总承包企业应建立与工程总承包项目相适应的项目管理组织，并行使项目管理职能，实行项目经理负责制。通常可采用项目管理目标责任书的形式，明确项目目标和项目经理的职责、权限和利益。

1.2.2 工程总承包企业构建项目管理组织的基本原则包括：

（1）项目部结构科学合理，有利于实现工程总承包企业目标；

（2）项目部有明确管理目标和责任制度，有利于工程总承包项目实施；

（3）项目部成员有相应的任职资格或职业资格，项目部成员保持相对稳定，并根据实际需要进行调整；

（4）有利于进行项目管理和相互沟通与协作；

（5）有利于实行项目经理负责制；

（6）有利于发挥工程总承包企业内部资源优势。

1.2.3 工程总承包企业承担建设项目工程总承包，宜采用矩阵式管理。项目部应由项目经理领导，并接受工程总承包企业职能部门指导、监督、检查和考核。

1.2.4 矩阵式管理是最常见的组织结构形式之一。项目成立之后，工程总承包企业任命项目经理，项目经理组建项目部。项目经理根据项目的需要设立项目管理组织和岗位，项目部人员根据项目的范围、规模和复杂程度而定。项目部人员由专业职能部门委派，在项目实施过程中，项目部人员接受项目经理和专业职能部门的双重管理。

项目部的工作任务由项目经理下达，工作程序和技术支持等由专业部门保障。两者相互融合，最终达到资源优化配置，提高效益的目的。

1.3　任命项目经理和组建项目部

1.3.1　工程总承包企业应在工程总承包合同生效后，任命项目经理，并由工程总承包企业法定代表人签发书面授权委托书。

1.3.2　项目经理授权内容通常包括：

　　（1）全面负责工程总承包合同的执行；

　　（2）组建项目部并组织项目的实施；

　　（3）代表工程总承包企业进行项目管理；

　　（4）管理和协调项目的所有活动，包括内部和外部的活动。

1.3.3　项目部的设立应包括下列主要内容：

　　（1）应结合项目特点，确定组织形式，组建项目部，确定项目部的职能。可通过设立设计组、采购组、施工组和试运行组进行项目管理；

　　（2）根据工程总承包合同和企业有关管理规定，确定项目部的管理范围和任务；

　　（3）确定项目部的组成人员、职责和权限。项目规模、范围和技术复杂程度决定了项目部人员配置方案。项目部的人员配置和管理规定应满足工程总承包项目管理的需要；

　　（4）工程总承包企业与项目经理签订项目管理目标责任书。

1.4　项目部的职能

1.4.1　项目部应具有工程总承包项目组织实施和控制职能。

　　（1）工程总承包项目组织实施包括项目组织、与合作伙伴的协调（如有）、合同的履行和管理、与项目发包人的协调、项目安全、职业健康与环境管理、质量管理、进度管理、费用控制和总部活动的控制和管理、现场施工活动的控制和管理、统一输入和输出的界面管理；

（2）项目管理职能包括合同评审、质量、安全、费用、进度、职业健康和环境保护、文件控制与管理等。每一项职能，均要体现在项目的工作流程中，并通过项目经理对设计、采购、施工、试运行、商务、控制和文控等经理的管理来实现。项目管理职能的描述通过管理程序体现；

（3）总部活动特指工程总承包企业在总部的设计、采购和施工准备等项目活动。随着工程重点的转移，项目管理的重点由总部逐步转移到施工现场。

1.4.2　项目部应对项目质量、安全、费用、进度、职业健康和环境保护目标负责。质量、安全、费用、进度、职业健康和环境保护理念要贯穿设计、采购、施工和试运行全过程，并体现在管理工作流程中。

1.5　项目部岗位设置及管理

1.5.1　根据工程总承包合同范围和工程总承包企业的有关管理规定，项目部可在项目经理以下设置控制经理、设计经理、采购经理、施工经理、试运行经理、财务经理、质量经理、安全经理、商务经理、行政经理等职能经理和进度控制工程师、质量工程师、安全工程师、合同管理工程师、费用估算师、费用控制工程师、材料控制工程师、信息管理工程师和文件管理控制工程师等管理岗位。根据项目具体情况，相关岗位可进行调整。

1.5.2　项目部应明确所设置岗位职责。项目部岗位设置应满足项目需要，并明确各岗位的职责、权限和考核标准。项目部主要岗位的职责需符合下列要求：

（1）项目经理：项目经理是工程总承包项目的负责人，经授权代表工程总承包企业负责履行项目合同，负责项目的计划、组织、领导和控制，对项目的质量、安全、费用、进度等负责；

（2）控制经理：根据合同要求，协助项目经理制定项目总进度计划及费用管理计划。协调其他职能经理组织编制设计、采购、施工和试运行的进度计划。对项目的进度、费用及设备、材料进行综合管理和控制，并指导和管理项目控制专业人员的工作，审查相关输出文件；

（3）设计经理：根据合同要求，执行项目设计执行计划，负责组织、指导和协调项目的设计工作，按合同要求组织开展设计工作，对工程设计进度、质量、费用和安全等进行管理与控制；

（4）采购经理：根据合同要求，执行项目采购执行计划，负责组织、指导和协调项目的采购工作，处理采购有关事宜和供应商的关系。完成项目合同对采购要求的技术、质量、安全、费用和进度以及工程总承包企业对采购费用控制的目标与任务；

（5）施工经理：根据合同要求，执行项目施工执行计划，负责项目的施工管理，对施工质量、安全、费用和进度进行监控。负责对项目分包人的协调、监督和管理工作；

（6）试运行经理：根据合同要求，执行项目试运行执行计划，组织实施项目试运行管理和服务；

（7）财务经理：负责项目的财务管理和会计核算工作；

（8）质量经理：负责组织建立项目质量管理体系，并保证有效运行；

（9）安全经理：负责组织建立项目职业健康安全管理体系和环境管理体系，并保证有效运行；

（10）商务经理：协助项目经理，负责组织项目合同的签订和项目合同管理；

（11）行政经理：负责项目综合事务管理，包括办公室、行政和人力资源等工作。

1.6　项目部各岗位人员能力要求

1.6.1　工程总承包企业应明确项目部各岗位人员的能力要求，并进行管理。

1.6.2　工程总承包项目主要岗位人员应具备下列条件：

（1）项目经理：

1）取得工程建设类注册执业资格或高级专业技术职称；

2）具备决策、组织、协调、领导和沟通能力，能正确处理和协调与项目相关方之间及企业内部各专业、各部门之间的关系；

3）熟悉工程总承包项目管理及相关的经济、法律法规和标准化知识；

4）具有类似项目的管理经验；

5）有良好的信誉，遵纪守法，清正廉洁，有凝聚力，有较强的全局观念和协作配合精神，有较强的责任意识和良好职业道德；

6）从事设计和工程总承包项目管理工作从未发生较大质量、安全责任事故或顾客投诉；

7）具有良好的信誉。

（2）控制经理：

1）参加过相关的项目管理培训并取得合格证；

2）熟悉工程总承包项目实施程序，掌握进度、费用控制技术及相关的软件应用；

3）具有中级及以上技术职称；

4）有较强的项目组织管理、协调及沟通能力；

5）熟悉工程总承包项目管理专业技术和相关经济、法律、法规知识；

6）具有类似项目管理经验；

7）具有良好的职业道德。

（3）设计经理：

1）应具有中级及以上技术职称；

2）熟悉设计工作程序，具有较强的工程设计管理经验；

3）有较强的项目组织管理、协调及沟通能力；

4）熟悉工程总承包项目管理专业技术和相关经济、法律、法规知识；

5）从事设计和工程总承包项目管理工作从未发生较大责任事故、顾客投诉；

6）具有良好的职业道德。

（4）采购经理：

1）参加过相关的项目管理培训并取得合格证；

2）具有采购管理经验，有从事采买工程师或采购管理的工作经历；

3）熟悉物资采购市场行情，具有较高的商务谈判技巧和能力；

4）有较强的项目组织管理、协调及沟通能力；

5）具有中级及以上技术职称；

6）熟悉工程总承包项目管理专业技术和相关经济、法律、法规知识；

7）从事工程总承包项目管理工作中未发生较大责任事故；

8）具有良好的职业道德。

（5）施工经理：

1）参加过相关的项目管理培训并取得合格证；

2）具有施工管理经验，有类似项目的施工管理工作经历；

3）熟悉施工标准规范及施工程序，具有较高的施工进度、费用、质量、安全管理能力；

4）有较强的项目组织管理、协调及沟通能力；

5）具有中级及以上技术职称；

6）熟悉工程总承包项目管理专业技术和相关经济、法律、法规知识；

7）在工程总承包项目管理工作中未发生较大责任事故或顾客投诉；

8）具有良好的职业道德。

（6）试运行经理：

1）参加过相关的项目管理培训并取得合格证；

2）具有施工和试运行管理经验，有类似项目的试运行管理工作经历；

3）熟悉设计、施工标准规范及施工和试运行程序，具有较高的项目进度、费用、质量、安全管理能力；

4）有较强的项目组织管理、协调及沟通能力；

5）具有中级及以上技术职称；

6）熟悉工程总承包项目管理专业技术和相关经济、法律、法规知识；

7）在工程总承包项目管理工作中未发生较大责任事故或顾客投诉；

8）具有良好的职业道德。

（7）财务经理：

1）具有经济类初级及以上技术职称；

2）熟悉工程财务管理内容，并具有税务、保险、金融等方面知识；

3）熟悉工程总承包项目管理专业技术和相关经济、法律、法规知识；

4）具有良好的职业道德。

（8）安全经理：

1）具有安全管理岗位上岗证书或参加过相关的安全管理培训并取得合格证；

2）具有建设工程管理经验，有建设工程安全管理工作经历；

3）有较强的组织管理、协调及沟通能力；

4）熟悉工程建设相关法律法规、相关施工标准规范及本企业职业健康安全和环境管理体系；

5）具有良好的职业道德。

（9）质量经理：

1）参加过相关的质量管理培训并取得上岗资格；

2）熟悉建设工程质量管理的法律法规、施工质量标准及验收规范；

3）熟悉本企业质量管理体系；

4）具有中级及以上技术职称；

5）有较强的组织管理、协调及沟通能力；

6）具有良好的职业道德。

1.7 项目经理的职责和权限

1.7.1 项目经理的职责需在工程总承包企业管理制度中规定，具体项目中项目经理的职责需在项目管理目标责任书中规定。项目经理应履行下列职责：

（1）贯彻执行国家有关法律法规、方针政策和工程建设强制性标准，执行工程总承包企业的管理制度，维护企业的合法权益；

（2）代表企业组织实施工程总承包项目管理，对实现合同约定的项目目标负责；

（3）完成项目管理目标责任书规定的任务；

（4）在授权范围内负责与项目干系人的协调，解决项目实施中出现的问题；

（5）对项目实施全过程进行策划、组织、协调和控制；

（6）负责组织项目的管理收尾和合同收尾工作。

1.7.2 项目经理应具有下列权限：

（1）经授权组建项目部，提出项目部的组织机构，选用项目部成员，确定各岗位职责；

（2）在授权范围内，行使相应的管理权，履行相应的职责；

（3）在合同范围内，按规定程序使用工程总承包企业的相关资源；

（4）批准发布项目管理程序；

（5）协调和处理与项目有关的内外部事项。

1.7.3 项目管理目标责任书是对项目质量、安全、费用、进度、职业健康和环境保护目标等进行分解确定。根据需要，项目经理可与设计、采购、施工、试运行、质量、安全等经理签订相应的目标责任书。项目管理目标责任书一般包括下列内容：

（1）规定项目质量、安全、费用、进度、职业健康和环境保护目标等；

（2）明确项目经理的责任、权限和利益；

（3）明确项目所需资源及工程总承包企业为项目提供的资源条件；

（4）项目管理目标评价的原则、内容和方法；

（5）工程总承包企业对项目部人员进行奖惩的依据、标准和规定；

（6）项目经理解职和项目部解散的条件及方式；

（7）在工程总承包企业制度规定以外的、由企业法定代表人向项目经理委托的事项。

1.8 项目组织管理过程的组织行为及管理重点

（1）工程总承包企业应建立与项目相适应的项目管理组织，构建的管理组织应有利于实现企业的工程总承包业务目标，有利于项目的实施；

（2）项目管理组织在项目执行过程中可以调整优化；

（3）实行项目经理负责制，明确项目经理的授权范围和职责，充分体现项目经理的责、权、利；

（4）项目经理对工程总承包项目自启动至收尾的全过程实施管理，对履行项目合同、实现项目目标全面负责；

（5）工程总承包企业应确定项目管理的组织机构和岗位设置，明确各岗位职责和任职资格、能力要求。项目经理的资格应满足《建设项目工程总承包管理规范》 GB/T 50358—2017 的要求，组建的项目部和设置的项目管理岗位应能满足项目管理和运行控制的需要；

（6）项目部应由项目经理领导，并接受公司及相关业务部门的业务指导、监督检查和考核；

（7）工程总承包企业应建立项目考核机制，与项目经理签订目标管理责任书，并按

规定进行考核兑现;

（8）根据需要，项目经理可与设计、采购、施工、试运行、质量、安全等经理签订相应的目标责任书，并进行考核;

（9）项目部应在项目收尾完成后经公司批准解散。

第2章
项目有关要求

在 GB/T 19001 中，"要求"是顾客或其他相关方的需求或期望的具体、明确的体现。

顾客和相关方的需求和期望有时候比较模糊、抽象，将这些需求和期望变得比较明确、显性和直接，就形成了要求。组织不仅要理解顾客对产品和服务的要求，由于相关方对组织稳定提供符合顾客要求及适用法律法规要求的产品和服务的能力具有影响或潜在影响，也应理解相关方的要求。在充分理解顾客和其他相关要求的基础上，对相关要求进行评审，确定组织是否具有满足顾客和相关方要求的能力。

EPC
One Project! One Team! One Goal!

2.1 引言

顾客资源是工程企业最重要的战略资源之一，是工程企业赖以生存发展的前提和基础，拥有顾客就意味着工程企业拥有了在市场中继续生存的理由，而留住顾客是工程企业获得可持续发展的动力源泉。工程企业应以顾客满意为目标，而满足顾客要求，是顾客满意的前提与基础。工程企业应在满足顾客及相关方要求的前提下，与其保持良好、有效的沟通，减少与顾客及相关方之间的冲突，为顾客提供优质服务。在提高顾客满意度的同时，提高工程企业的声誉，并赢得市场。

2.2 顾客沟通

工程总承包企业应针对与工程总承包项目有关的要求与顾客开展充分、有效的沟通。顾客沟通应贯穿于项目管理全过程。沟通内容可包括：

（1）工程总承包业务方面的资质、业绩、能力，以及具体项目工程产品和服务等信息；

（2）处理顾客有关总承包项目的询价、合同或订单，包括相关的更改；

（3）工程总承包项目实施计划的确认或审批；

（4）顾客、总承包方，以及其他相关方在项目管理各方面的管理界面和职责权限；

（5）建立项目沟通和协调程序，包括确定沟通人员、沟通方式、应保存的记录、顾客意见反馈和投诉渠道、项目会议、报告、接口管理，以及项目管理文件的编码、传递和审批等；

（6）工程图纸和文件的提交、批准、生效和变更等的流程和要求；

（7）项目总体进度计划，包括业主提供的许可文件、工程资料、场地、公用工程供给时间、设施和物资等移交时间和标准；

（8）工程质量控制的主要要求和流程，包括现场和工厂检验、验收；

（9）需进一步明确的结算与支付等相关问题；

（10）当涉及顾客财产时，与顾客约定财产控制或处置方式；

（11）由项目各相关方共同组建的现场 HSE 管理和应急指挥系统；

（12）合同未明确规定，但对项目实施有重要影响的其他事项；

（13）相关法律法规要求、地方要求、相关方要求、本企业的要求等；

（14）确定需要与政府主管部门沟通的内容，例如协助顾客办理项目运行相关的法定手续，获得审批和许可等。

针对以上内容，可采取多种适宜的形式与顾客进行沟通确认。

2.3　项目有关要求的确定

工程总承包企业应在投标及签约前，结合招标文件评审、现场踏勘、招标答疑、合同评审等方式明确工程总承包项目有关的要求，应确保：

（1）工程总承包项目的要求得到规定，这些要求包括：

1）发包方明确的要求，包括招标文件、合同或协议草案、口头或书面沟通提出的要求；

2）适用的法律、法规、标准规范要求；

3）本企业认为必要的附加要求。

（2）本企业承诺的要求能够得到满足。

2.4　项目有关要求的评审

2.4.1　工程总承包企业应在承诺提供符合要求的产品和服务之前，对如下方面的要求进行评审，以确保有能力满足项目的要求：

（1）工程总承包项目招标文件、合同或协议中明确的要求，包括对工期、质量、职业健康安全、环境、费用、人员及资格、功能、技术性能，以及验收、质保等方面的要求；

（2）发包方虽未明确提出，但建成的工程或工程总承包项目管理必须满足的要求；

本企业为保证质量和增强顾客满意所提出的附加要求；

（3）适用法律、法规、标准和规范要求。

2.4.2　当合同与招标文件、委托书的表述不一致，或合同签订后顾客提出的要求与之前的要求存在差异时，应对这些差异进行评审，并与顾客沟通解决；应在合同中明确合同文件的优先权次序。

2.4.3　应对顾客提出的未形成文件的要求进行确认。

2.4.4　项目部应对顾客提供的项目技术基础数据或资料进行确认或验证，以确保项目策划输入和设计输入的准确性。如果顾客没有提供或提供的资料数据不全，则应进一步落实后，经顾客书面确认。适用时，这些数据和资料可包括：

　　（1）与项目建设有关的规划文件或资料；

　　（2）工程所在地的水文、气象、地质、地形、地貌、人文环境；

　　（3）项目现场的网络、通信、交通条件，以及其他设施配套情况等；

　　（4）项目现场的能源和各类介质的供应和接口情况，包括水、电、原料、燃料、蒸汽、气体等；

　　（5）与已存在工程系统的接口资料，以及顾客所提供设备、系统的接口资料等。

2.4.5　应保留与下列方面有关的记录，以证实与顾客达成了最终约定，并表明能够满足顾客要求：

　　（1）评审文件：委托书、招标文件、与顾客洽谈记录、会议纪要、电子邮件等；

　　（2）评审结果、记录、纪要等；

　　（3）顾客新的或变化的要求，包括针对合同的补充协议、与顾客之间的洽商记录、会议纪要、来往信函等。

2.5　项目有关要求的风险评审

　　在项目有关要求评审过程中应识别项目风险，采取措施降低项目运行期间和交付后可能发生问题的风险。项目有关要求的评审过程应关注的风险可能包括：

　　（1）项目有关要求与国家或地方政府部门规定的建设程序不符，组织承担违规的风险；

（2）未获得项目相关批文，造成违法违规建设及可能的工程重大变更风险；

（3）人员、技术等资源不足的风险；

（4）工期明显不合理造成的项目风险；

（5）建设项目投资明显不合理造成的风险；

（6）费用支付的风险；

（7）双方义务的不对等、违约条款的不合理造成的风险；

（8）未充分理解总承包委托、招标文件的要求，未考虑行业惯例、未掌握相关法律法规、标准规范要求，评审不充分；

（9）对行业法规、规范、深度规定等识别不充分；

（10）对项目场地地形、地貌、自然地理状况了解不够、对人文环境因素的影响估计不足；

（11）相关资质不具备，相关项目的业绩、管理经验不足等。

应保留评审结果和所采取措施的记录。

2.6 项目有关要求的更改

当项目有关要求发生更改时，工程总承包企业应选择适宜的方法确保内外部的相关人员清楚已更改的要求，且：

（1）相关设计文件和图纸、设备与材料的采购文件和制造图纸等技术资料得到修改；

（2）相关的计划和措施得到调整；

（3）必要时，相关的合同或协议得到修改；

（4）保存更改的相关记录。

2.7 项目投标管理要求

2.7.1 工程总承包项目投标过程一般包括：

（1）项目信息跟踪和信息确认；

（2）项目要求的评审及项目风险评估；

（3）项目投标的组织及工作分工；

（4）投标报价的准备；

（5）招标文件的评审；

（6）投标报价文件的编制；

（7）投标报价文件的评审；

（8）投标报价文件的递交。

2.7.2　工程总承包项目招标信息可来自于网络信息，也可来源于设计、规划、建设单位或其他相关方的信息。获取信息后应进行跟踪和确认，确认信息的真实、准确。

2.7.3　工程总承包企业应组织对招标信息或招标文件进行评审，评审应主要考虑以下方面：

（1）本企业满足项目要求的能力；

（2）竞争优劣势分析；

（3）财务分析（包括对工程直接成本、间接管理成本、利润估算等）；

（4）风险分析（包括政策风险、资金风险、外部风险、内部组织风险、技术风险、工期风险、安全风险、环境风险等），及可采取的风险应对策略。

工程总承包企业相关职能部门及相关领导应参与评审，作出是否参与投标的决策。

2.7.4　对评审确定参与投标的项目，对投标报价工作进行策划，策划内容包括：

（1）投标报价的原则和策略（包括投标策略、报价策略、外部合作策略、内部组织策略、分包策略等）；

（2）确定项目拟实现的目标（包括组织目标与项目目标）；

（3）确定项目投标的组织及工作分工；

（4）投标报价范围（包括项目范围、工作范围、服务范围）及分项报价的项目；

（5）采用的工艺技术方案；

（6）各专业主要工作范围和内容；

（7）各专业费用估算的统一规定；

（8）投标报价所需要的文件、资料；

（9）投标报价深度及文件编制格式；

（10）投标报价书编制进度等。

2.7.5 投标文件包括技术部分和商务部分，编制完成后，应组织有关专家进行评审。评审人员应包括有关技术人员和商务人员，应邀请有类似工程经验项目经理或设计经理参加评审。

技术标的评审内容主要包括：

（1）技术标和实施方案的竞争力；

（2）项目工艺技术方案的经济性、安全性、可靠性、适宜性、合理性；

（3）投标报价考核条件审查。主要审查性能指标、环保指标、节能指标及服务是否可以实现，有无保障能力和措施；

（4）对项目各专业技术风险进行评估；

（5）项目实施方案（采购、施工、试运行方案等）是否可行，当地材料、施工条件及相关费用因素是否已考虑；

（6）其他需要评审的问题。

商务标的评审内容主要包括：

（1）商务标满足招标文件的程度；

（2）投标报价的经济合理性；

（3）商务风险的分析与对策；

（4）其他需评审的问题。

2.8　项目有关要求确定及投标过程的知识管理

在项目有关要求评审、项目投标、合同洽谈等过程从以下方面识别知识管理的需求：

（1）收集和分析不同层次、不同类型项目的顾客及其他相关方要求，形成组织的知识，以获得引领顾客需求的机会；

（2）收集和分析项目要求评审的风险点，形成组织的知识，以不断降低承接项目的风险；

（3）收集和分析项目投标结果信息，形成组织的知识；将以往工程总承包项目总结中的经验、教训等应用于投标文件的编制，以改进投标管理，提高中标率；

（4）将当前和以往顾客或项目的相关信息用于产品的改进，以满足要求并应对未来的需求和期望。

2.9 项目有关要求确定和评审过程的组织行为及管理重点

（1）顾客沟通：

工程总承包企业应针对总承包项目有关的要求，与顾客开展充分、有效的沟通。顾客沟通贯穿于项目管理全过程。应确保：

1）明确与顾客沟通的方式、内容；

2）有效开展顾客沟通，确保沟通内容充分。

（2）项目要求的确定：

1）应在投标或签约前，结合招标文件评审、现场踏勘、招标答疑、合同评审等方式明确工程总承包项目的要求；

2）应开展招标文件评审，通过评审确定招标文件要求；

3）实施投标决策程序；

4）对顾客提出的未形成文件的要求进行确认；

5）项目部应对顾客提供的项目技术基础数据或资料进行确认或验证，以确保项目策划输入和设计输入的准确性。如果顾客没有提供或提供的资料数据不全，则应进一步落实后，经顾客书面确认。

（3）项目有关要求的评审：

1）组织应确保有能力向顾客提供满足要求的工程总承包产品和服务。在承诺向顾客提供产品和服务之前，组织应对项目的要求进行评审。评审时应充分识别项目的要求；

2）当合同与招标文件、委托书的表述不一致，或合同签订后顾客提出的要求与之前的要求存在差异时，应对这些差异进行评审，并与顾客沟通解决；

3）当项目要求变化时重新进行评审；

4）应在项目要求评审阶段识别风险，采取措施降低组织在运行期间和交付后可能发生问题的风险。风险识别应充分，并对识别的风险确定对策；

5）应保留评审结果、顾客新的或变化的要求及处理结果等记录，证实与顾客达成了最终约定，并表明能够满足顾客要求。

（4）项目投标管理：

1）应确认招标信息的真实、准确；

2）工程总承包企业应组织对招标信息或招标文件进行评审，确认本企业满足项目要求的能力、竞争优劣势、财务分析、风险分析等，确定可采取的风险应对策略；

3）评审应作出是否参与投标的决策；

4）应对投标报价项目进行策划，策划应考虑投标报价的原则和策略、投标报价范围及分项报价的项目、采用的工艺技术方案、各专业费用估算的统一规定、投标报价深度及文件编制格式、进度安排及其他工作安排；

5）应组织有关专家评审投标报价文件，应邀请有类似工程经验的项目经理或设计经理参加评审。评审应确定项目的技术方案可行、各项技术经济指标合理、风险可控、项目的各种影响因素已经考虑、项目可实施、报价经济合理等。

（5）项目要求评审的知识管理：

在项目要求评审、项目投标、洽谈过程应识别知识管理的需求。

（6）项目要求的变更控制：

1）项目部应对有关人员进行项目变更程序培训；

2）顾客新的或变化的要求应传递到项目部及相关人员。

第3章
工程总承包策划控制

为满足产品和服务提供的要求，并实施应对风险和机遇所确定的措施，组织应通过以下措施对所需质量管理体系及其过程进行策划、实施和控制：确定产品和服务的要求；建立过程、产品和服务接收的准则；确定所需的资源以使产品和服务符合要求；按照准则实施过程控制；在必要的范围和程度上，确定并保持、保留成文信息，以确信过程已经按策划进行，以证实产品和服务符合要求。

策划的输出应适合于组织的运行。组织应控制策划的变更，评审非预期变更的后果，必要时，采取措施减轻不利影响。组织应确保外包过程受控。

3.1 引言

项目策划应满足合同要求。同时应符合工程所在地对社会环境、依托条件、项目干系人需求以及项目对技术、质量、安全、费用、进度、职业健康、环境保护、相关政策和法律法规等方面的要求。项目策划的范围应涵盖项目活动的全过程所涉及的全要素。项目策划还要涉及项目优化与深化，考虑应急条件、模块化、装配式建筑等费用问题。

项目策划应结合项目特点，根据合同和工程总承包企业管理的要求，明确项目目标和工作范围，分析项目风险以及采取的应对措施，确定项目各项管理原则、措施和进程。

3.2 工程总承包业务策划控制

（1）工程总承包企业应对工程总承包业务进行策划，工程总承包主要业务过程包括：

1）总承包项目合同签订及之前工作（包括税费筹划、项目投标的组织、合同谈判等）；

2）项目启动；

3）项目策划；

4）设计管理；

5）采购管理；

6）施工管理；

7）试运行管理；

8）风险管理；

9）进度管理；

10）技术管理；

11）质量管理；

12）费用管理；

13）职业健康安全和环境管理；

14）资源管理；

15）沟通信息管理；

16）合同管理；

17）知识管理；

18）项目收尾；

19）项目移交后的服务管理（如有此项业务管理的项目需保留此过程）。

（2）工程总承包企业应建立覆盖设计、采购、施工和试运行全过程的项目管理体系，在保证工程项目质量，满足合同及相关方要求的同时，提高项目实施的效率和效益。在建立制度和完成项目执行计划时应考虑：

1）根据项目类型和特点，研究项目运行的全过程，明确各过程的控制要求；

2）建立风险管理制度，识别项目风险，确定风险管理原则；

3）根据项目过程的性质和复杂程度，确定所需的资源，包括内、外部资源；

4）考虑利用新材料、新设备、新工艺、新技术和必要的知识；

5）考虑未来可能的变化，并前瞻性地提出预案或预留接口，使过程具有适应内、外部环境和相关方要求变化的敏捷性；

6）考虑法规识别，产品或服务安全因素及对其特殊批准的途径，建立问题升级管理机制，对相关人员进行培训，变更对安全潜在的影响评价和应对措施，外部供方信息传递、可追溯标识，总结经验、汲取教训，进行知识积累等；

7）综合考虑质量、环境、职业健康安全、进度、费用，以及有效性和效率，制定关键过程的绩效指标；

8）为证明过程和结果符合要求应保留的记录；

9）识别可能出现的突发事件和紧急情况，制定并实施应对措施（包括防止网络攻击应对措施等），以规避风险，减少危害，保持运营的可持续性。

（3）工程总承包项目经理应经工程总承包企业法定代表人书面授权，应明确项目目标和项目经理的职责、权限。工程总承包项目应实行项目经理负责制，项目经理应根据工程总承包企业法定代表人授权的范围、时间和项目目标，对工程总承包项目实行全过程管理。

（4）项目部应配备项目经理以及技术、质量、安全、进度、费用、设备和材料、文控等现场管理岗位，明确各岗位职责。项目部各岗位人员资格和能力应满足规定要求。

（5）工程总承包企业应设置工程总承包管理的职能部门，明确管理职责和管理要求，对工程总承包项目的实施进行指导、监督、检查和考核。

（6）确保过程运行使用适宜的基础设施，并保持现场作业环境符合要求。

（7）工程总承包企业应根据总承包业务的发展和调整，以及内外部环境的变化，如顾客和其他相关方要求的变化、法律法规、标准规范要求的变化、自身的变化等，对策划的结果进行变更，并评审非预期变更的后果，必要时，采取措施减轻不利影响。

3.3　工程总承包业务策划控制过程的组织行为及管理重点

（1）工程总承包管理体系策划：

1）根据项目类型和特点，识别工程总承包的所有过程，建立覆盖工程总承包所有业务过程的项目管理体系，明确各过程控制要求，确保管理流程合理、管理界面清晰；

2）建立风险管理制度，识别项目风险，确定风险管理原则，包括但不限于收集工程总承包项目风险事件，建立风险事件库等；

3）根据项目的性质和复杂程度，识别、分析和确定工程总承包业务所需要的资源（人力、技术、基础设施等）；

4）在工程总承包业务策划过程中，应考虑新材料、新设备、新工艺、新技术和必要的知识应用；

5）建立的项目管理体系应适应内外部环境变化，使项目管理过程具有适应内外部环境和相关方要求变化的敏捷性；

6）应综合考虑质量、环境、职业健康、安全、进度、费用，以及有效性和效率，制定关键过程的绩效指标；

7）应明确工程总承包各个过程需要保留的文件和记录；

8）识别可能出现的突发事件和紧急情况，制定应对措施（包括防止网络攻击应对措施），以规避风险，减少危害，保持运营的可持续性；

9）应建立问题升级管理机制，对相关人员进行培训，总结经验、汲取教训，进行知识积累等。

（2）体系变更的策划：

1）应根据总承包业务的发展和调整，以及内外部环境的变化，对策划的过程和管理规定进行变更，并评审非预期变更的后果，必要时，采取措施减轻不利影响；

2）组织机构变化应与体系变更策划同步考虑；

3）体系变更可能导致的潜在安全风险评价和应对措施。

（3）工程总承包组织机构、职责、权限：

1）确定工程总承包管理的职能部门；

2）明确职能部门的管理职责、岗位设置、工作内容和工作要求；

3）明确职能部门对工程总承包项目的指导、监督、检查和考核的职能；

4）项目经理应经本企业法人授权，并明确授权范围；

5）应与项目经理签署"项目管理目标责任书"，明确项目目标和项目经理的职责、权限和利益以及任职期限；

6）组建适合工程总承包项目运行的项目部；

7）明确项目部的岗位设置；

8）项目部岗位人员资格或能力（包括人员数量）应能满足项目实施需求。

（4）对配置的基础设施和作业环境要求

1）确保为项目配置的基础设施（临时办公场所、办公设备、通信系统、网络、信息系统、交通设备等）能满足项目运行的需要；

2）确保项目过程运行使用适宜的基础设施，并保持现场作业环境符合要求。

3.4 工程总承包项目策划控制

工程总承包项目应针对具体项目特点，结合本企业工程总承包项目管理体系，建立项目管理制度；应对工程总承包项目进行策划，策划的结果形成《项目管理计划》和《项目实施计划》。当项目规模较小、实施过程简单、风险较低时，也可将项目管理计划和项目实施计划合并编制《项目计划》。

3.4.1 项目管理计划

工程总承包项目管理计划是对工程总承包项目实施管理的重要内部文件，是编制项目实施计划的基础和重要依据，应体现工程总承包企业对项目实施的要求和项目经理对项目管理的总体规划和实施方案。项目管理计划应由项目经理组织编制，由工程总承包企业相关负责人审批。

项目管理计划的编制依据包括：

（1）项目合同；

（2）项目发包人和其他干系人的要求；

（3）项目情况、依托等实施条件；

（4）项目发包人、干系人提供的信息和资料；

（5）相关市场信息；

（6）工程总承包企业的总体要求；

（7）项目实施相关的政策、法律法规（包括地方法规要求）等。

项目管理计划内容应包括：

（1）项目概况：

1）项目名称、建设性质、建设规模、产品方案和厂址概况等；

2）与投标报价和合同签订有关的情况，合同类型；

3）合同规定的项目完成时间、技术质量要求、考核验收要求等。

（2）项目范围：

1）项目组成、界区范围、衔接关系及与合同相关方的分工；

2）需要特别说明的问题等。

（3）项目管理目标：应包括技术目标、质量目标、职业健康安全和环境目标、费用目标、进度目标等。

（4）项目实施条件分析：根据项目情况和实施条件，项目发包人、干系人提供的相关信息和资料等，从技术、商务、内外部环境方面对项目实施条件进行分析，识别存在的潜在风险，确定应对措施。

（5）项目的管理模式、组织机构和职责分工。

（6）项目实施的基本原则：根据项目实施条件分析，确定项目设计、采购、施工和试运行实施的基本原则。

（7）项目沟通与协调程序。

（8）项目的资源配置计划。

（9）项目风险分析与对策：

1）识别项目可能存在的下列风险：工艺风险、工程设计风险、采购风险、自然灾害风险、施工风险、运输风险、设备材料涨价风险、融资风险等。海外项目还可能存在金融风险、货币风险、法律法规风险、标准规范风险、政治风险、战争和内乱风险等；

2）对项目进度进行分析，特别是采购和施工的关键控制点。需要时，对费用控制的方法进行重点说明，提出规避风险的建议措施；

3）为了防止项目后期发生纠纷甚至诉讼，应进行项目干系人的风险分析；

4）识别项目实施过程中可能出现的突发事件和紧急情况，制定应对措施，以规避风险。

（10）合同管理：包括合同管理的原则、合同文本的检查、有效性管理、合同执行的检查、合同变更管理等。

3.4.2 项目实施计划

工程总承包项目实施计划是对项目实施进行管理和控制的文件。项目实施计划应由项目经理签署，应经项目发包人认可。项目部应对项目实施计划进行动态管理，必要时调整。

项目实施计划编制的依据包括：

（1）合同；

（2）经批准的项目管理计划；

（3）项目管理目标责任书；

（4）项目的基础资料。

项目实施计划的内容应包括：

（1）概述，包括项目简要介绍、项目范围、合同类型、项目特点、特殊要求等；

（2）总体实施方案，包括项目目标、项目实施的组织形式、项目阶段的划分、项目工作分解结构、项目实施要求、项目沟通与协调程序、对项目各阶段的工作及其文件的要求、项目分包计划等；

（3）项目实施要点，包括工程总承包实现过程的实施要点（含工程设计、采购、施工和试运行等），以及各要素的管理要点（含进度管理、质量管理、安全环境管理、费用管理、资源管理、沟通与信息管理、合同管理、风险管理及项目收尾等）；

（4）项目初步进度计划，确定相关活动的进度控制点，包括收集相关原始数据和基础资料、编制项目管理规定、项目总体进度计划发表、专项进度计划（含工程设计、采购、施工和试运行，以及费用计划等）发表等主要控制点。

3.5 项目风险和机遇管理策划

工程总承包企业应制定风险管理制度，确定风险管理的职责，明确风险管理原则和要求，并通过汇总分析已发生的项目风险事件，建立并完善项目风险数据库和项目风险损失事件库。

项目部应编制项目风险管理程序，明确项目风险管理的职责、内容和要求。在项目策划阶段应制定项目风险管理计划，确定项目风险管理目标，根据项目规模、项目复杂程度等，进行风险识别和分析评价，并针对评价结果拟定应对措施。

工程总承包项目风险可能包括：

（1）投标报价决策失误：对招标文件的评审、理解不全面、不充分，未进行投标前的有效评审和决策；

（2）政府项目审批滞后，与项目有关的政府批文未得到批复；

（3）征地等项目前期工作不能按期完成；

（4）顾客提供的基础资料不全；

（5）岩土工程勘察报告未经第三方审查机构的审查合格；

（6）顾客未能按期提供施工条件；

（7）设计风险；

（8）采购风险；

（9）施工风险；

（10）试运行风险；

（11）项目分包的风险；

（12）合同风险，包括合规性风险；

（13）项目实现周期不合理等造成的质量风险；

（14）非计划的工程变更风险；

（15）未识别项目实施过程中与项目有关的法律法规和标准规范要求内容的变化；

（16）新材料、新设备、新工艺、新技术风险；

（17）项目安全管理失效带来的安全事故风险；

（18）融资方案变化、资金筹措不利等导致项目停滞；

（19）支付工程款风险，以及拖延不结算风险；

（20）金融风险、外汇风险；

（21）自然灾害风险或其他不可抗力等。

工程总承包业务可能存在以下机遇：

（1）国家对工程总承包支持、鼓励的政策；

（2）行业或区域对建设项目工程总承包模式的鼓励政策；

（3）政府与部分国家签订基础设施建设合作框架协议，搭建合作平台，带来海外工程总承包项目市场机遇；

（4）获得政府支持资金和商业信贷支持；

　　　　　　　　　　　　　　　　　　　　　　　　EPC工程总承包全过程管理

（5）工程总承包市场接受度逐步提高，大型工程总承包项目越来越多，工程总承包项目获得更高的经济效益；

（6）提升工程总承包管理水平，获得更高的市场地位和认可度，拓展工程总承包业务；

（7）积累组织的工程管理经验，提升工程管理能力；

（8）增强与客户的合作关系。

3.6　项目知识管理策划控制

工程总承包项目策划阶段，应对项目的知识管理进行策划，考虑将本企业的知识应用到项目中，并通过知识管理将项目中的创新点、经验、教训等予以总结和积累，形成并充实本企业的知识。与工程总承包项目有关的知识可包括：

（1）在项目策划阶段识别项目需要获取或需要应用的知识，包括：

1）企业的技术标准或统一技术措施；

2）技术研发成果、专利技术、专利设备、工法等；

3）总承包相关的管理制度及措施；

4）以往事故调查、质量剖析、案例分析，问题解决方案；

5）可借鉴的类似项目的成功经验、失败的教训；

6）同类项目的管理经验，包括项目总结等。

（2）在项目策划阶段识别的本项目可积累的知识，包括：

1）工艺、设备、方法、技术、信息、管理等方面的创新；

2）项目管理经验总结，包括项目成功的经验和失败的教训；

3）事故、事件调查及分析，问题解决方案；

4）质量剖析、案例分析、常见病多发病分析及改进措施等；

5）获得具有项目指导能力的高技能人才信息；

6）项目创优目标、计划及实施措施；

7）相关管理制度的完善；

8）顾客意见调查收集意见和建议等。

3.7 项目策划控制过程的组织行为及管理重点

（1）项目策划的要求：

1）项目部应按照本企业工程总承包项目管理体系要求，结合项目特点建立完善工程总承包项目管理制度；

2）项目部应对工程总承包项目进行策划，编制《项目管理计划》《项目实施计划》，规模小、实施过程简单的项目可合并编制《项目计划》。

（2）项目管理计划：

1）《项目管理计划》应包括项目概况、项目范围、项目管理目标、项目实施条件分析、项目的管理模式、组织机构和职责分工、项目实施的基本原则、项目沟通与协调程序、项目的资源配置计划、项目风险分析与对策、合同管理等相关内容，《项目管理计划》应体现项目实施的要求和项目经理对项目的总体规划和实施方案；

2）《项目管理计划》应由项目经理组织编制，经企业相关负责人审批；

3）当项目实施情况发生变化时，应对《项目管理计划》进行必要的更新。

（3）项目实施计划：

1）《项目实施计划》应在《项目管理计划》获得批准后由项目经理组织编制，并经项目经理签署；

2）《项目实施计划》应明确项目实施方案、实施要点、初步进度计划；

3）《项目实施计划》应由项目经理签署，并经监理和项目发包人认可后实施；

4）应对《项目实施计划》进行动态监控，必要时应及时进行调整。

（4）知识信息化管理：

1）工程总承包企业应建立知识管理制度，采用信息化手段进行知识管理；

2）应建立知识管理平台，应将工程总承包项目的知识信息录入知识管理平台。

（5）在项目策划阶段应识别项目需要获取或需要应用的知识：

1）总承包相关的管理制度及措施；

2）可借鉴的类似项目的成功经验、失败的教训；

3）同类项目的管理经验，包括项目总结等；

4）专利技术、专利设备、工法等的使用。

（6）在项目策划阶段应对本项目可积累的知识进行策划，使项目的知识管理可以落到实处：

1）工艺、设备、方法、技术、信息、管理等方面的创新；

2）项目管理经验总结，包括项目成功的经验和失败的教训；

3）事故、事件调查及分析，问题解决方案；

4）质量剖析、案例分析、常见病多发病分析及改进措施等；

5）获得具有项目指导能力的高技能人才信息；

6）项目创优目标、计划及实施措施；

7）相关管理制度的完善；

8）顾客意见调查收集意见和建议等。

（7）建立知识管理的职责和明确责任人：

1）项目部应确定相关岗位知识管理的职责和责任人；

2）对知识进行长期积累和深入研究，使项目的知识管理工作有效落实。

EPC One Project! One Team! One Goal!

第 2 篇　设计和开发

第4章
工程总承包项目的设计和开发

组织应建立、实施和保持适当的设计和开发过程，以确保后续的产品和服务的提供。产品和服务的设计和开发是产品实现的一个重要过程，对生产的产品和提供的服务最终能否满足顾客和法律法规要求，能否满足组织的战略要求，包括相关方的要求有着极其重要的作用。

组织应做好设计和开发的策划、输入、控制、输出和更改工作。

4.1 引言

设计是做好工程总承包项目的前提。设计是将项目发包人的要求转化为项目产品描述的过程，即按合同要求编制建设项目设计文件的过程。设计应满足合同约定的技术性能、质量标准和工程的可施工性、可操作性及可维修性的要求。

4.2 设计策划

根据工程总承包项目的特性，充分体现工程总承包项目特点，考虑投标报价时的方案优化，设计阶段的深化设计，新材料、新设备、新工艺、新技术的应用，以及信息技术（包括 BIM 的应用等）、项目创优、施工图审核配合、设计与采购和施工接口关系、设计对试运行的指导作用等方面的要求，综合确定总承包工程设计项目的控制要求。

设计策划应编制设计计划。设计计划应满足项目合同要求，并以项目总体计划为指导。项目设计计划内容应包括：

（1）明确项目背景及工程概况；

（2）明确项目定位和目标，目标应包括质量目标、进度目标、费用目标等。制定目标时应考虑合同约定的技术性能、质量标准和要求，进度要求和项目费用控制指标等。必要时，编制专项质量管理计划；

（3）识别项目风险，制定应对措施；

（4）根据设计项目的性质（新建、改建、扩建）、设计周期、项目的复杂程度（技术含量、范围）、规模、投资等，明确设计内容、范围（包括子项划分等）；

（5）明确项目的进度要求，包括必要的现场踏勘、收集资料、调研、编制设计输入、内、外部接口、会签、成果文件的归档、打印、装订、交付等活动的安排；项目总进度计划充分考虑设计工作的内部逻辑关系及资源分配、外部约束等条件，并应与工程勘察、采购、施工和试运行等的进度协调；

（6）对资源的特殊要求，包括确定设备、软件（包括项目相关软件开发）、成果表达所需的技术要求、 BIM 等技术的应用、特殊或专用的技术标准等要求；

（7）组建项目团队，明确参与项目人员的职责（包括技术负责人、项目经理、专业负责人、设计人、校审人等）；

（8）明确参与工程设计项目的不同部门或不同专业之间的接口关系和接口方式；

（9）明确分包方或其他合作方的职责、工作内容、工作要求（包括项目相关软件的开发要求）及成果验收标准、验收方式及时间要求；

（10）对设计输出文件的深度、内容、格式要求（如：图签、电子文件、印刷、必要时的语种等）；

（11）根据项目的规模、技术复杂程度、项目目标、参与设计人员水平等因素确定设计评审的内容、方式和时机；对施工参与设计方案评审作出安排，通过可施工性分析，提出设计应考虑的措施或意见；

1）明确所需要的设计验证和设计确认活动；

2）确定设计与采购、施工和试运行的接口关系及要求；

3）将采购纳入设计程序，设计参与投标报价技术评审和技术谈判、审查及确认供应商资料等，提高采购技术水平和质量；将长周期、关键设备在相应的设计阶段分批提出采购，保证工程进度；

4）考虑在设计过程中顾客或使用者参与的需求，如顾客或使用者参与方案评审或方案确认、参与设计成果确认，以及对设计变更的管理及控制要求；

5）顾客或其他相关方对设计过程控制水平的期望；

6）出现紧急或突发情况时的应急措施；

7）确定为证实设计过程满足要求所需的文件和保留记录的要求，如设计计划、设计输入、设计评审、设计确认、设计校审等过程的文件或记录。

在设计策划阶段应根据项目的特点，对工程设计风险进行识别、分析和评价，针对评价结果提出风险应对措施。

工程设计项目的风险可能包括：

（1）顾客提供的设计依据和基础资料不全，且没有补充和收集；

（2）设计前未进行现场踏勘，对现场情况不够了解；

（3）改扩建项目未对已有的基础资料的适宜性和有效性进行评价；

（4）设计周期明显不合理、套用以往类似工程设计项目成果文件的深度不能满足要求；

（5）非计划的设计变更；

（6）未识别设计过程中与项目有关的法律法规和标准规范要求的变化；未识别项目所在地的法规和规范的要求；

（7）设计分包的风险；

（8）顾客要求，尤其是特殊要求识别不充分，如顾客提出的超出常规且在合同协议中有约定的要求（如第三方确认、带有专利的设计、限额和限时设计等）；对顾客财产保护的要求（特别是知识产权的保护）；

（9）技术风险，如设计项目有较高技术难度，本单位又缺少相应的业绩（技术）支撑，或采用"四新"技术的项目；

（10）对节能环保要求考虑不充分；

（11）参与工程设计的关键人员发生变更。

4.3 设计输入

4.3.1 应根据工程设计的类型、设计阶段、专业特点、技术复杂程度等确定设计输入的要求，设计输入可包括：

（1）设计依据性文件，如项目批复、环境影响评价报告、用地红线图、项目上阶段设计文件及批复意见、政府有关主管部门对立项报告的批文、设计任务书或协议书、招标文件、合同及技术附件；

（2）适用的法律法规和主要技术规范（名称、编号、版本）；

（3）设计基础资料，如气象、地形地貌、水文地质、抗震设防烈度、区域位置等；

（4）城乡规划对项目设计的要求，如对总平面布置、环境协调、建筑高度、建筑风格等方面的要求；

（5）顾客委托设计的范围，包括项目功能和设备设施的配套说明；

（6）工程规模、设计原则、设计标准及参数等；

（7）设计项目相关专业的主要技术经济指标；

（8）项目潜在的功能和性能要求；

（9）适用时，以往类似设计的成功经验或需要改进的信息（包括经验、教训、优秀方案、通用图、设计模板、设计模块及其他有关信息）；

（10）本企业自愿承诺遵守的企业技术标准或行业规范等；

（11）同类项目的运行反馈；

（12）考虑工程项目改建、扩建以及维护的接口和管理要求；

（13）与项目有关的质量、安全、环境保护、成本和其他有效性和效率的关键绩效指标；

（14）拟用于项目的组织知识（如新技术、新工艺、新材料、新设备、新方法、信息技术、组织已有的专利技术和管理经验等）；

（15）设计项目全生命周期潜在的风险及控制措施。

4.3.2　设计输入包括项目级、专业级的输入，各级输入应明确负责人。采取适宜的方式对设计输入进行评审（会议、会签、审核、审批等），确保设计输入充分、适宜、完整、清楚、正确，避免矛盾的信息，保证设计输入能够满足开展工程设计的需要。应保存设计输入的记录。

4.3.3　专业之间委托的设计条件必须经校审；合作方提供的外部技术条件应经合作方和项目负责人双方确认。

4.3.4　设计输入应进行动态管理，当设计输入发生变化，特别是顾客要求发生变化时，应及时更改设计输入，且将更改后的设计输入文件传递到相关部门及相关设计人员。

4.4　设计控制

4.4.1　总则

应对设计过程进行控制，控制内容包括质量、进度、费用、软件等，控制方式应包括（但不限于）设计评审、设计验证、设计确认（包括对工程项目使用的软件确认）。根据项目具体情况，设计评审、设计验证和设计确认可单独或以任意组合方式进行，以实现不同的控制目的。应对设计评审、设计验证和设计确认发现的问题进行收集、统计分析和相互作用的评价，形成组织的知识。

4.4.2　设计评审

应按设计策划的安排，在设计的适当阶段（一般在设计方案确定前，或设计方案初稿完成后）实施设计评审活动，以评价工程设计结果满足要求的能力。

（1）设计评审可分为综合评审和专业评审，应明确参加评审人员及能力要求；

（2）综合评审应解决项目系统性问题以及综合性、跨专业的技术问题（包括与后续的采购、施工安装、生产运营相关的问题）；专业评审应在项目系统方案框架下，解决专业性的问题；

（3）设计评审应对项目的风险控制措施的有效性进行评审；

（4）设计评审结论应明确。评审提出的问题和结论意见应得到落实并进行跟踪验证；

（5）应保留与设计评审活动有关的记录。

4.4.3 设计验证

应按策划的安排对设计输出结果进行验证，确保设计输出满足设计输入要求。

（1）设计验证分为常规验证和特殊验证。常规设计验证一般包括设计人员自校、校核、审核、审定、会签等；当项目有特殊需要时，可采取变换技术方式设计、采用不同的方法计算、试验等。可根据项目的复杂程度和设计人员的能力水平规定验证的级别并采取适宜的验证措施；

（2）校核、审核、审定人员应验证与工程设计内容有关的质量、安全、节能、环保以及风险控制措施的落实情况；

（3）应针对验证过程中提出的问题采取必要的措施并进行再验证；

（4）应保留与设计验证活动有关的记录。

4.4.4 设计确认

应按策划的安排对工程设计实施确认活动，确保项目规定的用途得到满足。

（1）设计确认活动一般由顾客、主管部门或相关方分阶段进行，包括专家评审、政府机构专项审查、施工图审查、顾客组织的审查或其他确认方式、相关方图纸会审等；

（2）应针对设计确认提出的问题或确认意见，采取必要的措施予以解决；

（3）应保留设计确认结论和所采取措施的记录。

4.4.5 设计质量控制

（1）设计应遵循国家有关的法律法规和强制性标准，并满足合同约定的技术性能、质量标准和工程的可施工性、可操作性及可维修性的要求；

（2）应任命设计经理，对各级设计人员的资格进行确认。设计经理应组织对设计基础数据和资料等设计输入进行检查和验证；

（3）设计经理应组织采购、施工和试运行、顾客等项目相关人员参加设计评审，保存评审记录；

（4）设计经理应对设计进行协调管理，协调和控制各专业之间的接口关系；

（5）初步设计或基础工程设计文件应满足编制招标文件、主要设备、材料订货和编制施工图设计的需要；施工图设计或详细设计应满足设备、材料采购，非标准设备制作和施工及试运行的需要；

（6）设计选用的设备、材料，应在设计文件中注明其规格、型号、性能、数量等技术指标，其质量要求应符合合同要求和现行标准规范的有关规定；

（7）设计经理按策划的安排组织设计验证、设计会签、设计评审、设计确认、设计变更，确保这些过程满足规定要求和设计策划的要求；

（8）设计经理应组织完成为关闭合同所需要的相关设计文件；

（9）设计经理应根据项目文件管理规定，收集、整理设计图纸、资料和有关记录，组织编制项目设计文件总目录并存档；

（10）设计经理应组织编制设计完工报告，将项目设计的经验与教训纳入本企业的知识管理，必要时修改管理体系文件。

4.4.6 设计进度控制

制定设计进度计划应充分考虑与采购、施工和试运行计划的衔接。设计进度计划主要控制点应包括：

（1）设计各专业间的条件关系及条件提交时间；

（2）初步设计或基础工程设计完成和提交时间；

（3）长周期订货设备、关键设备和材料请购文件的提交时间；

（4）供货厂商资料或图纸的返回时间；

（5）进度关键线路上的设计文件提交时间；

（6）施工图设计或详细工程设计完成和提交时间；

（7）竣工图设计完成和提交时间；

（8）设计工作结束时间。

项目部应根据设计计划进行进度控制，检查设计计划的执行情况。当设计进度计划拖延影响到合同规定或整体工程进度时，项目进度管理人员应及时报告项目经理，必要时报告项目发包人，应系统地分析进度偏差，制定有效措施。

4.5 设计输出

4.5.1 设计输出的内容

设计输出包括设计图纸、计算书、说明书、各类设计表格等阶段性设计成果和最终设计成果。设计输出应：

（1）满足设计输入要求，以保证能够实现工程设计的预期目的；

（2）为后续的采购、施工、生产、检验和服务过程提供必要的信息，包括选用的建筑材料、建筑构配件、设备、材料等，应注明其规格、型号、性能等技术指标，其质量要求必须符合国家规定的标准；

（3）包含和引用与工程设计项目有关的监视和测量要求，以及给出相关的验收标准或要求；

（4）明确规定项目在施工期和运营期所必需的特性，包括环境保护、文明施工、安全运行的要求和措施，以及可能的防震、使用和维护说明等；

（5）考虑施工安全操作和防护的需要，在设计文件中注明涉及施工安全的重点部位和环节（特别是针对危险性较大的分部、分项工程），对安全施工和防范安全生产事故提出指导意见；

（6）采用新材料、新设备、新工艺、新技术和特殊结构的，应在设计文件中提出保证施工作业人员安全和预防安全生产事故的措施建议；

（7）产品设计项目需输出项目相关软件。

4.5.2 设计输出的形式和深度要求

（1）设计输出成果应符合行业通行要求，特殊形式的输出（如电子数据、BIM 模型等）应与相关方沟通，确保输出的结果满足相关方的要求；

（2）设计输出应满足规定的编制内容和深度要求，符合各类专项审查以及工程项目所在地的相关要求。当设计合同对设计文件编制深度另有要求时，应同时满足合同要求；

（3）设计边界条件和选用的设计参数，必须在行业标准规范规定的范围内，对超出规定的某些尝试应进行严格的论证或评审，并经主管部门批准；

（4）已按照策划的安排实施了设计评审、验证和确认，并满足预期的要求；

（5）项目负责人应核验各专业设计、校核、审核、审定、会签等技术人员在相关设计文件上的签署，核验注册执业人员在设计文件上签章，并对各专业设计文件验收签字；

（6）应明确设计输出文件的批准要求。

4.6　设计变更

工程总承包企业应对设计过程及后续施工安装期间所发生的更改进行适当的识别、评审和控制，以确保这些更改满足要求，不会产生不利影响：

（1）应根据变更内容的复杂程度、影响程度、涉及的专业面等，确定各类设计变更的控制要求（包括校核、审核、审定、会签、评审、确认、批准等）；

（2）根据项目要求或顾客的要求，提出变更方案；

（3）设计变更必须明确变更的原因或依据；

（4）对设计变更在技术可行性、安全性和适用性进行评估；

（5）对设计变更可能对费用、进度、合同履约的影响进行评审；

（6）对设计变更可能对已完工或交付部分的影响进行评估；

（7）对设计变更可能对相关专业的影响进行确认；

（8）制定防止设计变更造成不利影响的措施；

（9）对设计变更实施必要的评审、验证，必要时进行确认；

（10）变更实施前得到批准；

（11）设计变更应分发到所有相关人员，防止作废文件的非预期使用；

（12）对项目的设计变更的原因、类别进行收集、统计分析，积累形成本企业的知识；

（13）对于工程项目软件变更，应对软硬件的版本级别形成文件，作为更改记录的一部分。

应保留设计变更的记录，包括：

（1）变更的原因、依据、内容、时间等；

（2）必要的评审、验证、确认记录；

（3）批准设计变更的授权人；

（4）为防止变更造成不利影响而采取措施的记录。

4.7 设计分包控制

4.7.1 总则

应识别外部提供的工程设计、过程或服务，并实施控制。包括：

（1）由外部供方提供的工程设计（或其中的组成部分）、过程或服务；

（2）外部供方直接提供给顾客的工程设计、过程或服务；

（3）外部供方提供的工程设计、过程或服务包括：

1）专业分包：对于某些技术含量较高、专业性较强的项目，在某些专业领域本企业不具备相应的设计资质，或设计经验、能力或业绩不足，无法完成的专业或专项设计，由本企业选择的外部供方承担的工程设计、过程和服务；

2）顾客指定的外部供方承担的专项设计或项目的部分设计：即在设计合同中规定的某些设计、过程或服务由顾客指定的外部供方承担；

3）工程项目软件要求外部供方应保持一个软件质量保证过程；按照风险等级和对顾客潜在影响对软件进行评估并保存形成文件的信息。

4.7.2 分包方的评价与选择

应用"基于风险的思维"对设计分包方的资质等级、综合能力、业绩等方面进行系统评价，并保存评价记录，建立合格分包方资源库。对项目分包方的评价内容应包括：

（1）经营许可、资质、资格、信誉和类似项目业绩；

（2）符合质量、职业健康安全、环境管理体系要求的情况；

（3）人员结构，以及人员的执业资格和素质；

（4）设备（包括软件）、设施水平；

（5）专业技术和管理水平；

（6）协作、配合、服务与抗风险能力；

（7）质量、安全、环境事故情况。

应建立分包方后评价制度，定期或在项目结束后对分包方进行后评价，评价内容应包括：

（1）设计质量、技术实力；

（2）设计进度；

（3）配合及沟通能力，相应的及时性；

（4）解决问题或处理突发状况的能力。

应保留对外部供方评价、选择、绩效监视和再评价及所引发的必要措施的记录。

4.7.3　控制的类型和程度

由于分包项目的范围、内容、复杂程度以及性质的不同，对外部供方提供的设计成果、过程和服务的控制可能存在差异。在确定控制的类型和程度时，应考虑外部提供的设计成果、过程和服务对本企业稳定地满足顾客要求和适用法律法规能力的潜在影响，应确保外部供方提供的设计成果、过程和服务不会影响本企业稳定地向顾客提供合格的产品和服务。控制的类型和程度应包括：

（1）确保外部提供的过程在本企业质量管理体系的控制之中；

（2）根据本企业制定的准则要求及外部供方提供的设计成果、过程和服务的特点，确定对外部供方及输出结果的控制要求；

（3）确定与外部供方的接口关系，对其提出质量、技术、过程管理等要求，并按要求实施控制；

（4）本着与外部供方互惠互利、合作共赢的原则，建立良好长期的合作关系，并对这些供方进行分类、分级管理；

（5）建立并保持与外部供方沟通和资源共享的机制；

（6）对外部供方提供的设计成果、过程和服务进行必要的评审、验证和验收；

（7）当外部供方的分包活动不符合要求时，应及时采取措施；

（8）明确主体设计与分包设计条件的关联性，并确定统一的技术要求和设计文件编制规定。

4.7.4　设计分包合同的签订

当发生设计分包时，工程总承包企业应与设计分包单位签订分包合同。分包合同内容应完整、准确、严密、合法，并在分包合同中明确如下内容：

（1）分包范围和内容；

（2）合同双方的权利和义务，质量职责和违约责任；

（3）执行的标准规范和技术质量标准；

（4）工期、职业健康安全和环境控制要求；

（5）对分包方提供的设计成果、过程和服务进行必要的评审、验证和验收、批准等要求；

（6）分包方从业人员的资格能力要求；

（7）合同工作验收合格并接收后的服务；

（8）合同结算及付款方式；

（9）其他。

4.8　设计与采购、施工和试运行的接口控制

（1）工程总承包项目的设计应将采购纳入设计程序，确保设计与采购之间的协调，保证物资采购质量和工程进度，控制工程投资。设计对采购的配合和协调工作包括：

1）设计通过项目合同（包括合同技术附件）了解项目发包人对设备、材料的需求标准，向采购提出请购要求；

2）通过项目实施计划将采购有关工作纳入设计程序，把长周期设备、关键设备、一般设备和材料在相应的设计阶段分期分批提出采购。在初步设计/基础工程设计阶段对于一些长周期、价格昂贵的设备进行预询价和技术谈判；

3）设计经理应协助采购经理编制项目采购策略和采购总体计划，协助采购经理编制采购标、包划分计划，参加独家采购谈判和竞争性谈判工作；

4）提出设备、材料采购的请购单及询价技术文件；

5）负责对制造厂商的报价提出技术评价意见，签署技术协议；

6）参加厂商协调会，参与技术澄清和协商；

7）对制造厂商图纸的审查、确认和返回；

8）在设备制造过程中，协助采购处理有关设计、技术问题；

9）必要时参与关键设备和材料的检验工作；

10）设计文件交付时间应满足采购进度要求；

11）评估设计变更对采购进度的影响。

（2）设计应具有可施工性，以确保工程质量和施工的顺利进行：

1）基础设计（初步设计）文件应满足主要设备、材料订货和编制施工图设计文件的需要；施工图设计文件应满足设备、材料采购，非标准设备制作和施工以及试运行的需要；

2）对采用新材料、新设备、新工艺、新技术或特殊结构的项目，应评审新技术、新工艺的成熟性，新设备、新材料、特殊结构的可靠性，并提出保证工程质量和施工安全的措施和要求；

3）设计人员应进行设计交底，说明设计意图，解释设计文件，明确设计对施工的技术、质量、安全和标准等要求，必要时由施工经理组织图纸会审；

4）应对设计文件进行可施工性分析；

5）设计文件交付时间应满足施工进度要求；

6）设计应依据合同约定，承担施工和试运行阶段的技术支持和服务，及时处理现场有关设计问题及参加施工过程中的质量事故处理；

7）评估设计变更对施工进度的影响。

（3）设计应考虑试运行阶段的要求，以确保试运行的顺利进行：

1）设计应依据合同约定，承担试运行阶段的技术支持和服务。在试运行期间，设计对试运行进行指导和技术服务，并协助试运行经理解决试运行中发现的设计问题，评审其对试运行进度的影响；

2）设计应接收试运行提出的试运行要求，参与试运行条件的确认、试运行方案审查；

3）设计提交试运行原则和要求。

4.9　设计过程控制的组织行为及管理重点

（1）设计策划：

1）应对设计过程进行设计策划，编制设计计划，设计计划应经审批。设计应按设计计划实施；

2）编制设计计划应能体现工程总承包项目的特点，考虑投标报价时的方案优化，设计阶段的深化设计，新材料、新设备、新工艺、新技术的应用，以及信息技术（包括 BIM 的应用等）、项目创优、施工图审核配合、设计与采购和施工接口关系、设计对试运行的指导作用等方面的要求，综合确定总承包工程项目设计的控制要求；

3）设计计划应体现合同约定的有关技术性能、质量标准和要求、项目费用控制指标等；

4）设计计划应明确设计与采购、施工和试运行的接口关系及要求；

5）应任命设计经理，对各级设计人员的资格（包括人数）进行确认和批准。

（2）设计质量控制：

1）设计经理应组织采购、施工和试运行、顾客等项目相关人员参加设计评审并保存记录；

2）设计经理应组织对设计基础数据和资料等设计输入进行检查和验证，确保设计输入的充分、正确性；

3）初步设计或基础工程设计文件应能满足编制施工招标文件、主要设备、材料订货和编制施工图设计的需要；

4）施工图设计应能满足设备、材料采购，非标准设备制作和施工及试运行的需要；

5）选用的设备、材料，应在设计文件中注明其规格、型号、性能、数量等技术指标，其质量要求应符合合同要求和现行标准规范的有关规定；

6）设计经理应按策划的安排组织设计验证、设计会签、设计评审、设计确认、设计变更；

7）对采用新材料、新设备、新工艺、新技术或特殊结构的项目，应评审新技术、新工艺的成熟性，新设备、新材料、特殊结构的可靠性，并提出保证工程质量和施工安全的措施和要求；

8）设计经理应根据项目文件管理规定，收集、整理设计图纸、资料和有关记录，组织编制项目设计文件总目录并存档；

9）设计经理应组织编制设计完工报告，将项目设计的经验与教训纳入本企业的知识库。

（3）设计进度控制：

1）项目部应依据设计进度计划进行进度控制，设计进度计划应充分考虑与采购、施工和试运行计划的主要控制点衔接；

2）应跟踪设计进度计划，定期检查设计计划的执行情况，及时发现偏差，采取措施。

（4）设计与采购、施工、试运行的接口控制：

1）设计与采购、施工和试运行应有效配合和协调；

2）设计应将采购纳入设计程序，应负责请购文件的编制、报价技术评审和技术谈判、供货厂商图纸资料的审查和确认等工作；

3）设计应具有可施工性，以确保工程质量和施工的顺利进行；设计人员应进行设计交底，说明设计意图，解释设计文件，明确设计对施工的技术、质量、安全和标准等要求，必要时由施工经理组织图纸会审；设计人员应及时处理现场有关设计问题及参加施工过程中的质量事故处理；

4）设计应考虑试运行阶段的要求，以确保工程质量和试运行的顺利进行；设计应提出试运行操作原则与要求，并协助试运行的技术指导和服务；

5）设计人员应及时处理现场有关设计问题及参加施工过程中的质量事故处理；

6）项目部应组织设计交底；

7）设计策划应考虑对试运行的协助、指导和服务。

（5）设计更改控制：

1）应评审设计变更对采购、施工的影响、对工程完工部分的影响、可能对费用、进度、合同履约的影响；

2）对设计更改在技术可行性、安全性和适用性进行评估。

第 3 篇　采购管理

第5章
项目采购管理

采购是为完成项目而从执行组织外部获取设备、材料和服务的过程。包括采买、催交、检验和运输的过程。它是 EPC 工程总承包全过程管理中的重要环节，是项目的利润核心。其工作内容包括：选择询价厂商、编制询价文件、获得报价书、评标、合同谈判、签订采购合同、催交与检验、运输与交付、仓储管理等。通常说的广义采购，包括设备、材料的采购和设计、施工及劳务采购；本章表述的采购是指设备、材料的采购，而把设计、施工、劳务及租赁采购称为项目分包。

5.1　引言

采购部门应按照设计部门提出的技术要求及采购文件进行物资采购，严格控制采购产品的质量。依据采购计划并结合工程实际进度，通过招标、谈判等方式，选择合格的供应商，以经济合理的价格签订物资供货及服务合同，优质高效地组织监造、催交货、物流运输、安装调试、验收、资料交接，以及项目所有物资的收发存储等工作，通过工程物资采购全流程管理，控制好物资采购的数量、价格与进度，贯彻物资采购全生命周期成本的理念。

5.2　总则

工程总承包企业应对工程总承包项目物资采购过程和采购产品的质量实施控制，确保采购物资满足合同要求和工程使用要求。

（1）工程总承包企业应根据工程总承包项目的技术、质量、职业健康安全、环境、供货能力、价格、售后服务和可靠的供货来源等要求，并基于供应商的资质、能力和业绩等，确定并实施供应商评价、选择、再评价，以及绩效监视和后评价的准则；

（2）应保持对供应商的评价、选择、绩效监视和再评价的记录。

在下列情况下，应确定对供应商提供的过程、产品和服务实施控制：

（1）供应商提供的产品和服务将构成工程总承包项目的一部分。例如，从外部供方采购的用于工程总承包工程的设备、构配件、建筑材料，以及供应商提供的技术服务、技术指导等；

（2）特殊情况下由供应商代表本企业直接向顾客提供的产品、过程或服务。

5.3　供应商管理

5.3.1　供应商评价与选择

工程总承包企业应对供应商进行综合评价，建立合格供应商名录。应根据合同要求和项目具体特点，通过招标、询比价和竞争性谈判等方式，经过项目级评价，并按照工程总承包企业规定的程序，在合格供应商名录中选择供应商。对于重要的物资供应商的考察可采取对供应商进行体系审核、现场实地考察等形式确定。合格供应商应满足下列条件：

（1）具有相应的资质、独立法人资格和业绩要求；

（2）有能力满足产品技术要求；

（3）有能力满足产品质量要求；

（4）符合质量、职业健康安全、环境管理体系要求；

（5）具有良好信誉和财务状况；

（6）有能力保证按合同要求准时交货；

（7）有良好的售后服务体系；

（8）未发生质量、安全、环境事故；

（9）企业未申请破产。

5.3.2　供应商的后评价

工程总承包企业应建立供应商后评价制度，定期或在项目结束后对其进行后评价，评价内容应包括：

（1）产品或服务的质量、进度；

（2）合同执行能力，包括提供产品或服务的能力和及时性；

（3）现场配合情况，包括沟通、协调、反馈等；

（4）售后服务的态度、及时性；

（5）解决问题或处理突发状况的能力；

（6）质量、职业健康安全和环境保护管理的绩效等。

5.3.3　对供应商控制的类型和程度

工程总承包企业应确保外部提供的过程、产品和服务不会对本企业稳定地向顾客交付合格工程总承包产品和服务的能力产生不利影响。

工程总承包企业应：

（1）明确规定对供应商提供的过程、产品和服务实施控制的要求；

（2）监控由供应商实施控制的过程的有效性，并考虑供应商提供的过程、产品和服务对本企业稳定地满足顾客要求和适用的法律法规要求的能力的潜在影响；

（3）确定必要的验证或其他活动，包括评审/审查/批准、质量验评/验收/测试/检验/

试验/批准等，以确保供应商提供的过程、产品和服务满足工程总承包项目及本企业的相关要求。

5.3.4 采购合同管理

工程总承包企业应确保与供应商就产品或服务的相关要求进行充分沟通，并在招标文件、采购合同/协议中明确相关要求，包括：

（1）需要提供的产品和服务的质量、技术要求、交货期要求；

（2）明确对以下内容的批准要求：

1）产品和服务；

2）所采用的方法、过程和使用的设备；

3）产品和服务的放行。

（3）对相关人员能力的要求，包括人员资格；

（4）需要与供应商进行沟通的内容和要求，例如对供应商的审核、过程检查，以及规定供应商提交的报告要求；

（5）对供应商绩效的控制和监视要求；

（6）项目部或顾客对现场监造、出厂前检验、试验等活动的要求和安排。

工程总承包企业应建立采购合同管理制度，明确采购合同管理的职责和职能部门。应按制度的规定对项目的采购合同进行审批，经审批后合同方可实施。

5.4 采购工作程序

工程总承包企业应建立采购管理制度，明确采购工作程序和控制要求；应建立工程总承包项目采购管理组织机构，明确各岗位职责、具体工作内容和要求。

工程总承包项目物资采购工作内容包括：

（1）根据采购策划，编制项目采购执行计划；

（2）采买：应按国家法律、法规要求，可采用招标（公开和邀请招标）、询比价和竞争性谈判等方式进行；

（3）催交：包括在办公室和现场对所订购的设备、材料、构配件及其图纸、资料进行催交；

（4）运输与交付：包括合同约定的包装、运输的监督和交付；

（5）检验：包括监造、合同约定的检验以及其他特殊检验和不合格品处置；

（6）现场服务管理：包括供应商售后技术服务及联络和协调、供货质量问题的处理等；

（7）仓库管理：包括开箱检验、仓储管理、出入库管理等；

（8）采购收尾：包括订单关闭、文件归档、剩余材料处理、供货厂商评定、采购完工报告编制以及项目采购工作总结等。

5.5 采购执行计划

项目部应依据项目合同、项目管理计划、项目实施计划、项目进度计划及相关规定和要求，编制项目采购执行计划，并对采购过程进行管理和监控。

项目采购执行计划的编制依据应包括：

（1）项目合同；

（2）项目管理计划和项目实施计划；

（3）项目进度计划；

（4）工程总承包企业有关采购管理程序和规定。

项目采购执行计划内容应包括：

（1）编制依据；

（2）项目概况；

（3）采购原则，包括：标包划分的策划和管理原则，技术、质量、职业健康安全、环境、进度、费用控制原则，设备和材料分交原则；

（4）采购工作范围和内容；

（5）采购岗位设置及其主要职责；

（6）采购进度的主要控制目标和要求，长周期设备和特殊材料专项采购执行计划；

（7）催交、检验、运输和材料控制计划；

（8）采购费用控制的主要目标、要求和措施；

（9）采购质量控制的主要目标、要求和措施；

（10）采购协调程序；

（11）现场采购管理要求；

（12）特殊采购事项的处理原则。

5.6　采购的控制

5.6.1　采买

采买工作应包括接收请购文件、确定采买方式、实施采买和签订采购合同或订单等内容。采买工程师应按批准的请购文件及采购执行计划确定的采买方式实施采买。

确定采买方式是指根据项目的性质和规模、工程总承包企业的相关采购制度，以及所采购设备或材料对项目的影响程度，包括质量和技术要求、供货周期、数量、价格以及市场供货环境等因素，来确定采用招标、询比价、竞争性谈判和单一来源采购等方式。

工程总承包企业应依法与供方签订采购合同或者订单，采购合同或订单应完整、准确、严密、合法。依据总承包企业授权管理原则，按采购合同审批流程进行审批。采购合同中应明确采购产品的名称、品种、规格、型号、数量、技术质量标准、售后服务要求、包装、交货时间、付款方式等内容，以及为监视供方绩效而开展的有关评审/审查/批准、质量验评/验收/测试/检验/试验、绩效考核等方面的要求。

5.6.2　催交与检验

项目部根据设备、材料的重要性划分催交与检验等级，确定催交与检验的方式和频度，制定催交与检验计划，明确检查内容和主要控制点，并组织实施。催交方式包括驻厂催交、办公室催交和会议催交。催交人员应按规定编制催交状态报告，审查供应商的制造进度计划，并进行检查和控制，对催交过程中发现的偏差提出解决方案。

检验方式可分为放弃检验（免检）、资料审阅、中间检验、车间检验、最终检验和项目现场检验。检验人员负责制定项目总体检验计划，确定检验方式以及出厂前检验或驻场监造的要求，应按规定编制驻厂监造检验报告或者出厂检验报告。对于有特殊要求的设备、材料，可与有相应资格和能力的第三方检验单位签订检验合同，委托其进行检验。采购组检验人员应依据合同约定对第三方的检验工作实施监督和控制。合同有约定时，应安排项目发包人参加相关的检验。

5.6.3　运输与交付

项目部应依据采购合同约定的交货条件制定设备、材料运输计划，并组织实施。对超限和有特殊要求设备、危险品的运输，应制定专项运输方案，可委托专业的运输机构承担运输。对于国际运输，应依据采购合同约定、国际公约和惯例进行，做好办理报关、商检及保险等手续。设备、材料运至指定地点后，接收人员应对照送货单进行清点，签收时应注明到货状态及其完整性，填写接收报告并归档。

5.6.4 仓储管理

项目部应制定物资出入库管理制度，设备、材料正式入库前，依据合同规定进行开箱检验，检验合格的设备、材料按规定办理出入库手续，建立物资动态明细台账。所有物资应注明货位、档案编号和标识码等。仓库管理员要及时登账，定期核对，使账物相符。应建立和实施物资发放制度，依据批准的领料申请单发放设备、材料，办理物资出库交接手续。

5.7 采购与设计、施工和试运行的接口控制

（1）在采购与设计的接口关系中，对下列主要内容的接口实施重点控制：

1）采购接收设计提交的请购文件；

2）采购接收设计提交的报价技术评价文件；

3）采购向设计提交订货的设备、材料资料；

4）采购接收设计对制造厂图纸的评阅意见；

5）采购评估设计变更对采购进度的影响；

6）如需要，采购邀请设计参加产品的中间检验、出厂检验和现场开箱检验。

（2）在采购与施工的接口关系中，对下列主要内容的接口进度实施重点控制：

1）所有设备、材料运抵现场；

2）现场的开箱检验；

3）施工过程中发现与设备、材料质量有关问题的处理对施工进度的影响；

4）采购变更对施工进度的影响。

（3）在采购与试运行的接口关系中，对下列主要内容的接口进度实施重点控制：

1）对试运行所需材料及备件的确认；

2）试运行过程中发现的与设备、材料质量有关问题的处理对试运行进度的影响。

5.8 外部供方管理过程的组织行为及管理重点

（1）外部供方的评价、绩效监视和再评价：

1）应根据工程总承包项目的技术、质量、职业健康、安全、环境、工期，以及合理的价格、售后服务和可靠的供货来源等要求，并基于外部供方的资质、能力和业绩等对外部供方进行评价，对外部供方的信息进行动态更新，建立《合格供方名录》；

2）项目部应对外部供方进行绩效监视和后评价；

3）项目部针对风险策划和分级管理，综合考虑外部供方经营、政策、合作、质量、交付等风险因素；

4）应保存外部供方的评价、绩效监视和再评价记录。

（2）外部提供的产品、服务和过程的控制：

1）项目部应确定对外部提供的产品、过程或服务的评审、审查、批准、质量验评、验收、测试、检验、试验等有关要求；

2）应规定外部供方关键岗位人员能力的要求，包括人员资格要求；

3）项目部应规定外部供方绩效的监视要求。监控由外部供方实施控制的有效性，并考虑外部提供的过程、产品和服务对本企业稳定地满足顾客要求和适用的法律法规要求的能力的潜在影响；

4）应确定必要的验证或其他活动，如对现场监造、出厂前检验、试验等活动的要求作出安排，以确保外部提供的过程、产品和服务满足工程总承包项目及本企业的相关要求。

（3）与外部供方的沟通：

1）应确保与外部供方就产品或服务的相关要求进行充分沟通；

2）在投标文件、采购合同或协议中明确相关要求。

5.9 采购管理过程的组织行为及管理重点

（1）采购执行计划：

1）项目部应依据项目合同、项目管理计划、项目实施计划、项目进度计划以及相关规定和要求，编制项目采购执行计划；

2）采购执行计划应按规定审批后实施；

3）采购执行计划内容应完整，对采购活动具有指导性；

4）应对采购执行计划的实施进行管理和监控，当采购内容、采购进度或采购要求发生变化时，应对采购执行计划进行调整。

（2）供应商选择：

1）应根据合同要求和项目具体特点，通过招标、询比价和竞争性谈判等方式，经过项目级评价，并按照工程总承包企业规定的程序选择供应商；

2）应将新的供应商纳入本企业合格供方名录；

3）应依法与供应商签订采购合同或者订单。依据总承包企业授权管理原则，按采购合同审批流程进行审批；

4）应根据设备、材料的重要性划分催交与检验等级，制定催交与检验计划（包括催交与检验方式和频度）。催交与检验计划应包括检验内容和催交控制点；

5）催交人员应按规定编制催交状态报告，审查供应商的制造进度计划，并进行检查和控制，对催交过程中发现的偏差提出解决方案；

6）应编制项目总体检验计划，检验计划应明确检验方式。对驻场监造的应编制驻场监造报告或出厂检验报告；

7）应依据采购合同约定的交货条件制定设备、材料运输计划，对超限和有特殊要求设备、危险品的运输，应制定专项运输方案；

8）应制定物资出入库管理制度，采购物资入库前应有检验合格证明，出入库手续应齐全，设备、材料正式入库前，依据合同规定进行开箱检验，检验合格的设备、材料按规定办理出入库手续，建立物资动态明细台账。所有物资应注明货位、档案编号和标识码等。仓库管理员要及时登账，定期核对，使账物相符。应建立和实施物资发放制度，依据批准的领料申请单发放设备、材料，办理物资出库交接手续。物资台账应动态管理、账目清晰。

（3）采购变更管理：

1）项目部应明确采购变更管理的流程、职责和审批要求；

2）应按规定对采购的变更实施控制；

3）采购变更应分发到所有相关人员，防止作废文件的非预期使用。

第 4 篇　实施过程控制

第6章
工程总承包项目实施过程控制总要求

　　组织应在受控条件下进行生产和服务提供。

　　生产和服务提供过程直接影响产品或服务的质量，组织应确定要求，针对产品或服务的性质，对所有与生产服务提供过程相关的活动进行考虑和有效控制，以满足组织或顾客的各种要求。

6.1　引言

　　控制是项目管理的重要活动之一，控制的目的就是使产品和服务质量满足顾客以及法律法规等方面提出的要求。控制的对象包括产品和服务形成全过程各个阶段的活动。为了使项目相关活动得到有效控制，组织需要：规定适宜的要求；让所有相关人员遵守规定的要求；采取措施达到要求；提供预期的产品和服务；识别需要进行的改进之处。

　　控制具有动态性，因为项目要求会随着时间的进展而不断变化，因此组织需要不断研究新的控制方法，才能更好满足新的要求。

　　项目控制是项目管理者根据项目跟踪提供的信息，对比原计划（或既定目标），找出偏差，分析原因，研究纠偏对策，实施纠偏措施的全过程。工程总承包项目实施过程控制主要包括综合变更控制、范围变更控制、质量控制、风险控制、费用控制和进度控制等内容。

6.2　工程总承包项目实施控制原则

　　工程总承包项目部应对工程总承包项目实施的全过程进行控制，确保项目实现过程始终处于受控状态。

　　工程总承包项目实施过程包括项目启动、策划、实施、控制和收尾等，项目管理内容包括项目进度、质量、安全和环境、费用、资源、沟通和信息、合同、风险、收尾等。

6.3　工程总承包项目实施控制要求

　　（1）项目经理应行使项目管理职能，实行项目经理负责制；

　　（2）项目部应获得适用的法律法规、技术标准规范及验收规范、作业指导书、工程图纸、工程总承包合同、设计分包合同、采购合同、施工分包合同等文件，并按要求实施；

　　（3）应配置与项目适宜的监视和测量资源，并实施监视和测量。对于工程总承包中过程结果不能由后续的检查、试验加以验证的过程，在策划时应予以确定，并明确对所使用的设备认可和人员资格的认定，使用的特定方法和程序等，必要时实施再确认；

（4）在工程勘察、设计阶段，工程总承包企业应按照合同要求进行深化设计，做好投资控制，并控制施工图设计进度。施工图应进行设计可施工性分析，确保工程质量。施工图设计完成后，设计应配合项目变更进行施工图审查及修编工作；

（5）在项目采购（分包）工作中，组织签订采购（分包）合同，进行采购（分包）合同交底，执行采购（分包）合同，进行采购（分包）总结及评价等；

（6）在施工和试运行过程重点做好质量控制、安全、职业健康和环境保护控制、进度控制、合同及费用管理、档案（信息）管理、风险管理和沟通协调管理等；

（7）项目进入收尾阶段后应进行现场清理、项目竣工结算、竣工资料移交、项目总结、项目团队绩效考核、EPC 项目部解散、工程保修与回访等工作；

（8）应进行工程划分并报批，根据工程划分确定质量控制点、级别及检验批；

（9）项目部应对原材料、设备、构配件进行进场检查验收，有复试要求的材料按规定要求进行复验；

（10）应正确使用监视和测量资源，实施监视和测量；

（11）应采取措施防范人为错误。措施可包括：

——增加标识；

——设置警示、联动、限位装置；

——改进工器具的性能；

——用自动化代替手工作业；

——实行班前培训、班后检查，必要时实施样板引路；

——创造良好的作业环境和人文环境，安排合理台班时间，防止操作人员过度疲劳等。

（12）应对过程工序、最终产品的验收交付和交付后活动按规定要求实施控制。

第7章

项目施工管理

施工阶段是工程总承包项目建设全过程中的重要阶段。施工管理包括项目着手准备、施工问题研究、施工管理策划、施工阶段管理，直至项目竣工验收的所有管理活动。

项目经理代表企业法人，按业主招标文件及总承包合同要求，履行对施工承包商的管理责任，对项目施工全过程进行管理和控制。

7.1　引言

项目施工管理是以项目施工为管理对象，以取得最佳的经济效益和社会效益为目标，以施工组为中心，以合同约定、项目管理计划和项目实施计划为依据，实现资源的优化配置和对各生产要素进行有效的计划、组织、指导和控制的过程。

7.2　施工管理主要内容

工程总承包企业将施工工作分包，项目施工管理包括下列主要工作内容和要求：

（1）选择施工分包商；

（2）对施工分包商的施工方案进行审核；

（3）施工过程的质量、安全、费用、进度、风险、职业健康和环境保护以及绿色建造等控制；

（4）协调施工与设计、采购、试运行之间的接口关系；

（5）当有多个施工分包商时，对施工分包商间的工作界面进行协调和控制。

7.3　施工执行计划

7.3.1　施工执行计划应由施工经理负责组织编制，经项目经理批准后组织实施，并报项目发包人确认。

7.3.2　施工执行计划编制要满足对施工过程的指导和控制作用，在一定的资源条件下实现工程项目的技术经济效益。施工执行计划编制要充分考虑并符合下列原则：

（1）根据实际情况审核施工方案和施工工艺；

（2）严格遵守国家规定和合同约定的工程竣工及交付使用期限；

（3）采用现代项目管理技术、流水施工方法和网络计划技术，组织有节奏、均衡和动态连续的施工；

（4）提高施工机械化、自动化程度，改善劳动条件，提高生产率；

（5）注意根据地区条件和材料、构件条件，通过技术经济比较，恰当地选择专项技术方案，提高施工作业的专业化程度；

（6）尽可能利用永久性设施和组装式施工设施，科学地规划施工总平面，减少施工临时设施建造量和用地；

（7）优化现场物资储存量，确定物资储存方式，尽量减少库存量和物资损耗；

（8）根据季节气候变化，科学安排施工，保证施工质量和进度的均衡性和连续性；

（9）优先考虑施工的安全、职业健康和环境保护要求。

7.3.3 施工执行计划的编制依据包括：

（1）工程总承包合同文件及项目实施计划文件；

（2）工程施工图纸及其标准图集；

（3）工程地质勘察报告、地形图和工程测量控制网；

（4）气象、水文资料及地区人文状况调查资料；

（5）工程建设法律法规和有关规定；

（6）企业积累的项目施工经验资料；

（7）现行的相关国家标准、行业标准、地方标准和企业施工工艺标准；

（8）企业质量管理体系、职业健康安全管理体系和环境管理体系文件。

7.3.4 施工执行计划应包括下列主要内容：

（1）工程概况；

（2）施工组织原则；

（3）施工质量计划；

（4）施工安全、职业健康和环境保护计划；

（5）施工进度计划；

（6）施工费用计划；

（7）施工技术管理计划，包括施工技术方案要求；

（8）资源供应计划；

（9）施工准备工作要求。

7.3.5 当出现下列情况之一的，要考虑对施工执行计划进行修改或调整：

(1) 重大施工工程变更；

(2) 重大施工条件变化；

(3) 相关法规变化；

(4) 项目发包人提出缩短工期或延长工期；

(5) 项目发包人提出对质量及特征要求的变更；

(6) 各种原因造成项目停工；

(7) 项目发包人违约；

(8) 发生不可抗力事件。

7.4 施工质量计划

施工质量计划审批后作为对外质量保证和对内质量控制的依据，体现施工过程的质量管理和控制要求。包括下列主要内容：

(1) 编制依据；

(2) 质量保证体系；

(3) 质量目标；

(4) 质量目标分解；

(5) 质量控制点及检验级别的确定；

(6) 质量保证的技术管理措施；

(7) 施工过程监测、分析和改进；

(8) 材料、设备检验制度；

(9) 工程质量问题处理方法。

7.5 施工安全、职业健康和环境保护计划

施工安全、职业健康和环境保护计划，包括下列主要内容：

(1) 政策依据；

（2）管理组织机构；

（3）技术保证措施；

（4）管理措施。

7.6 施工进度计划

7.6.1 施工进度计划包括编制说明、施工总进度计划、单项工程进度计划和单位工程进度计划。施工总进度计划要报项目发包人确认。

施工进度计划的编制依据包括：

（1）项目合同；

（2）施工执行计划；

（3）施工进度目标；

（4）设计文件；

（5）施工现场条件；

（6）供货进度计划；

（7）有关技术经济资料。

7.6.2 编制施工进度计划要遵循下列程序：

（1）收集资料；

（2）确定进度控制目标；

（3）计算工程量；

（4）确定各单项、单位工程的施工工期和开、竣工日期；

（5）确定施工流程；

（6）编制施工进度计划；

（7）编写施工进度计划说明书。

7.7 施工准备工作

7.7.1 技术准备包括需要编制专项施工方案、施工计划、试验工作计划和职工培训计划，向项目发包人索取已施工项目的验收证明文件等。生产准备包括现场道路、水、电、通信来源及其引入方案，机械设备的来源，各种临时设施的布置，劳动力的来源及有关证件的办理，选定施工分包商并签订施工分包合同等。

7.7.2 需要项目发包人完成的施工准备工作是指提供施工场地、水电供应、现场的坐标和高程等以及需要项目发包人办理的报批手续。

7.7.3 施工单位的准备工作是指技术准备工作、资源准备工作、施工现场准备工作和施工场外协调工作。

7.8 施工分包控制

7.8.1 工程总承包企业应对施工分包方的资质等级、综合能力、业绩等方面进行综合评价，建立合格承包商资源库。应根据合同要求和项目特点，依法通过招标、询比价和竞争性谈判等方式，并按规定的程序选择承包商。对承包商评价的内容应包括：

（1）经营许可、资质、资格和业绩；

（2）信誉和财务状况；

（3）符合质量、职业健康安全、环境管理体系要求的情况；

（4）人员结构，以及人员的执业资格和素质；

（5）机具与设施；

（6）专业技术和管理水平；

（7）协作、配合、服务与抗风险能力；

（8）质量、安全、环境事故情况。

7.8.2 工程总承包企业应建立施工分包商后评价制度，定期或在项目结束后对其进行后评价，评价内容应包括：

（1）施工或服务的质量、进度；

（2）合同执行能力，包括施工组织设计的先进合理性、施工管理水平；

（3）施工现场组织机构的建立及人员配置情况；

（4）现场配合情况，包括沟通、协调、反馈等；

（5）售后服务的态度、及时性；

（6）解决问题或处理突发状况的能力；

（7）质量、职业健康安全、文明施工和环境保护管理的绩效等。

7.8.3　工程总承包企业应确保外部提供的过程、产品和服务不会对本企业稳定地向顾客交付合格工程总承包产品和服务的能力产生不利影响。

工程总承包企业应：

（1）明确规定对工程总承包项目外部提供的过程、产品和服务实施控制的要求；

（2）规定对外部供方的控制及其输出结果的控制要求；

（3）监控由外部供方实施控制的有效性，并考虑外部提供的过程、产品和服务对本企业稳定地满足顾客要求和适用的法律法规要求的能力的潜在影响；

（4）确定必要的验证或其他活动，包括评审/审查/批准、质量验评/验收/测试/检验/试验等，以确保外部提供的过程、产品和服务满足工程总承包项目及本企业的相关要求。

7.9　施工分包合同管理

7.9.1　工程总承包企业应建立施工分包合同管理制度，一般主要包括以下内容：

（1）明确分包合同的管理职责；

（2）分包招标的准备和实施；

（3）分包合同订立；

（4）对分包合同实施监控；

（5）分包合同变更处理；

（6）分包合同争议处理；

（7）分包合同索赔处理；

（8）分包合同文件管理；

（9）分包合同收尾。

7.9.2　工程总承包企业应确保与承包商就产品或服务的相关要求进行充分沟通，并在投标文件、采购合同/协议、施工合同/协议中明确相关要求，包括：

（1）需要提供的产品和服务的质量、技术要求、交货要求；

（2）工程内容、范围、施工质量标准和要求、工期进度要求；

（3）明确对以下内容的批准要求：

1）产品和服务；

2）所采用的方法、过程和使用的设备；

3）产品和服务的放行。

（4）对相关人员能力的要求，包括人员资格；

（5）需要与外部供方进行沟通的内容和要求，例如对供方的审核、过程检查，以及规定供方的报告要求；

（6）对外部供方绩效的控制和监视要求。

7.9.3　施工分包合同管理应包括以下内容：

（1）项目部应明确合同管理的职责和责任人，应依据分包合同约定对合同履约情况进行跟踪和管理。合同管理人员应按完整、系统和方便查询的原则建立合同文件索引目录和合同台账；

（2）为防止偏离分包合同要求对合同偏差进行检查分析，对出现的问题或偏差采取措施；

（3）项目部合同管理人员对合同约定的要求进行检查和验证，当确认已完成缺陷修补并达标时，进行最终结算并关闭分包合同；

（4）项目部应按分包合同约定程序和要求进行分包合同收尾。

7.10　施工过程控制

项目部应对由分包方实施的过程进行监控和检查验收。控制内容应包括：

（1）依据分包合同，对分包方服务的条件进行验证、确认、审查或审批，包括：项目管理机构、人员的数量和资格、入场前培训、施工机械/机具器/设备/设施、监视和测量资源、主要工程设备及材料等；

（2）在施工前，应组织设计交底和技术质量、安全交底或培训；

（3）对施工分包方入场人员的三级教育进行检查和确认；

（4）应按分包合同要求，确认、审查或审批分包方编制的施工或服务进度计划、施工组织设计、专项施工方案、质量管理计划、安全环境和试运行的管理计划等，并监督其实施；

（5）与施工分包方签订质量、职业健康安全、环境保护、文明施工、进度等目标责任书，并建立定期检查制度；

（6）应对施工过程的质量进行监督，按规定审查检验批、分项、分部（子分部）的报验和检验情况进行跟踪检查，并对特殊过程和关键工序的识别与质量控制进行监督，并应保存质量记录；

（7）应对施工分包单位采购的主要工程材料、构配件、设备进行验证和确认，必要时进行试验；

（8）应对所需的施工机械、装备、设施、工具和监视测量设备的配置以及使用状态进行有效性检查，必要时进行试验；

（9）应监督分包方内部按规定开展质量检查和验收工作，并按规定组织分包方参加工程质量验收，同时按分包合同约定，要求分包方提交质量记录和竣工文件并进行确认、审查或审批。对质量不合格品，应监督分包方进行处置，并验证其实施效果；

（10）应依据分包合同和安全生产管理协议等的约定，明确分包方的安全生产管理、文明施工、绿色施工、劳动防护，以及列支安全文明施工费、危大项目措施费等方面的职责和应采取的职业健康、安全、环保等方面的措施，并指定专职安全生产管理等人员进行管理与协调；

（11）应对分包方的履约情况进行评价，并保存记录，作为对分包方奖惩和改进分包管理的依据。

7.11　施工与设计、采购和试运行的接口控制

7.11.1　施工与设计的接口控制

在施工与设计的接口关系中，对下列主要内容的接口实施重点控制：

（1）对设计的可施工性分析；

（2）接收设计交付的文件；

（3）图纸会审、设计交底；

（4）评估设计变更对施工进度的影响。

7.11.2　施工与采购的接口控制

在施工与采购的接口关系中，对下列主要内容的接口实施重点控制：

（1）现场的开箱检验；

（2）施工接收所有设备、材料；

（3）施工过程中发现与设备、材料质量有关问题的处理对施工进度的影响；

（4）评估采购变更对施工进度的影响。

7.11.3　施工与试运行的接口控制

在施工与试运行的接口关系中，应对下列主要内容的接口实施重点控制：

（1）施工执行计划与试运行执行计划不协调时对进度的影响；

（2）试运行过程中发现的施工问题的处理对进度的影响。

7.12　施工过程控制的组织行为及管理重点

（1）施工分包方入场条件审核：

1）应根据分包合同，对施工分包方项目管理机构、人员的数量和资格、入场前培训、施工机械、机具器、设备、设施、监视和测量资源配置、主要工程设备及材料等进行审查和确认；

2）应对施工分包方入场人员的三级教育进行检查和确认。

（2）交底和培训：

1）项目部应组织设计交底，交底提出的问题应得到澄清或处理并保留记录；

2）施工单位应对施工作业人员进行作业前技术质量、安全交底或培训，交底内容应有针对性，内容明确。

（3）对施工分包单位文件审查：

1）应对施工分包方的施工组织设计、施工进度计划、专项施工方案、质量计划、职业健康、安全、环境管理计划和试运行的管理计划等进行审查；

2）施工分包方编制的文件内容应符合项目施工管理要求。

（4）施工分包目标责任书及协议签订：

1）应与施工分包单位签订质量、职业健康、安全、环境保护、文明施工、进度等目标责任书；

2）应对目标责任书完成情况进行定期检查；

3）应与施工分包单位签订安全生产协议或安全生产合同。在协议或合同中应明确规定安全生产管理、文明施工、绿色施工、劳动防护，以及列支安全文明施工费、危大项目措施费等方面的职责和应采取的措施，并指定专职安全生产管理人员进行管理与协调。

（5）施工过程控制：

1）应对施工过程质量进行监督，按规定和计划的安排对检验批、分项、分部（子分部）的报验和检验情况进行跟踪检查，记录完整；

2）应正确识别特殊过程或关键工序，对其质量控制情况进行控制，并保存质量记录；

3）应对施工分包方采购的主要工程材料、构配件、设备进行验证和确认，必要时进行试验；

4）应对施工机械、装备、设施、工具和监视测量设备的配置以及使用状态进行有效性检查，必要时进行试验，塔吊、脚手架、施工升降机等质量证明文件应符合要求；

5）应监督施工质量不合格品的处置，并验证整改结果；

6）施工单位应配置专职的安全生产管理等人员；

7）应监督施工分包方内部按规定开展质量检查和验收工作，并按规定组织分包方参加工程质量验收，同时按分包合同约定，要求分包方提交质量记录和竣工文件，并进行确认、审查或审批。

（6）施工分包方履约能力评价：

1）应对分包商的履约情况进行评价并保留记录；

2）应对分包商企业安全事故情况进行评估，并保留记录，作为再次合作的依据。

（7）施工与设计接口控制要点：

1）应对设计的可施工性进行分析；

2）应进行图纸会审和设计交底；

3）评估设计变更对施工进度的影响。

（8）施工与采购接口控制要点：

1）施工和采购共同进行现场开箱检验；

2）施工接收所有设备、材料；

3）评估采购物资质量问题或采购变更对施工进度的影响。

（9）施工与试运行接口控制要点：

1）施工执行计划与试运行执行计划的协调；

2）试运行发现的施工问题对进度的影响。

第8章
项目试运行管理

　　依据合同约定，在工程完成竣工试验后，由项目发包人或项目承包人组织进行的包括合同目标考核验收在内的全部试验。试运行在不同的领域表述不同，例如试车、开车、调试、联动试车、整套（或整体）试运、联调联试、竣工试验和竣工后试验等。

8.1 引言

项目部应依据合同约定进行项目试运行管理和服务。项目试运行管理由试运行经理负责，并适时组建试运行组。试运行工作一般由项目发包人负责组织实施，项目部负责试运行技术指导服务。试运行的准备工作包括：人力、机具、物资、能源、组织系统、安全、职业健康和环境保护，以及文件资料的准备。试运行管理内容可包括试运行执行计划的编制、试运行准备、人员培训、试运行过程指导与服务等。

8.2 试运行执行计划

试运行执行计划应由试运行经理负责组织编制，项目经理批准、项目发包人确认后实施。试运行执行计划应依据合同约定和项目特点，安排试运行工作内容、程序和周期。试运行计划应包括下列主要内容：

（1）总体说明；

（2）组织机构；

（3）进度计划；

（4）资源计划；

（5）费用计划；

（6）培训计划（包括培训教材的编制计划和要求）；

（7）考核计划；

（8）质量、职业健康安全和环境保护要求；

（9）试运行文件编制要求；

（10）试运行准备工作要求；

（11）项目发包人和相关方的责任分工等。

8.3 试运行培训及考核计划

试运行培训计划应依据合同约定和项目特点编制，经项目发包人批准后实施。

试运行考核计划应依据合同约定的目标、考核内容和项目特点进行编制，考核计划应包括以下主要内容：

(1) 考核项目名称；

(2) 考核指标；

(3) 考核方式；

(4) 手段及方法；

(5) 考核时间；

(6) 检测或测量；

(7) 化验仪器设备及工具；

(8) 考核结果评价及确认等。

8.4 试运行方案

试运行经理应依据合同约定，负责组织或协助项目发包人编制试运行方案。试运行方案应包括下列主要内容：

(1) 工程概况；

(2) 编制依据和原则；

(3) 试运行目标与采用的标准；

(4) 试运行应具备的条件；

(5) 组织指挥系统；

(6) 试运行进度安排；

(7) 试运行资源配置；

(8) 环境保护设施投运安排；

(9) 安全及职业健康要求；

(10) 试运行的技术难点和采取的对策措施等。

8.5　试运行及考核

项目部应配合发包人进行试运行准备工作，试运行经理应按试运行执行计划和试运行方案的要求落实相关的技术、人员和物资，组织检查影响实现考核目标的问题，并落实解决措施。

项目考核的时间和周期应依据合同约定，考核期内，全部保证值达标时，合同双方代表应分项或统一签署考核合格证书。

8.6　试运行与设计、采购、施工的接口控制

8.6.1　试运行与设计的接口控制

在试运行与设计的接口关系中，对下列主要内容的接口实施重点控制：

（1）试运行对设计提出的要求；

（2）设计提交的试运行操作原则和要求；

（3）设计对试运行的指导与服务，以及在试运行过程中发现有关设计问题的处理对试运行进度的影响。

8.6.2　试运行与采购的接口控制

在试运行与采购的接口关系中，对下列主要内容的接口实施重点控制：

（1）试运行所需材料及备件的确认；

（2）试运行过程中发现的与设备、材料质量有关问题的处理对试运行进度的影响。

8.6.3　试运行与施工的接口控制

在试运行与施工的接口关系中，对下列主要内容的接口实施重点控制：

（1）施工执行计划与试运行执行计划不协调时对进度的影响；

（2）试运行过程中发现的施工问题的处理对进度的影响。

8.7 试运行管理过程的组织行为及管理重点

（1）试运行组织机构和人员：

1）项目部应根据合同约定，适时组建项目试运行组；

2）应明确试运行组的职责和分工。

（2）试运行计划和方案：

1）项目部应编制试运行执行计划；

2）试运行计划应经审批；

3）试运行计划应经发包人确认后实施；

4）试运行执行计划应依据合同约定和项目特点，安排试运行工作内容、程序和周期；

5）应按合同约定，组织或协助项目发包人编制试运行方案，且内容满足试运行工作要求。

（3）试运行准备：

1）应按合同约定的培训需求编制试运行培训计划；

2）应按合同约定编制项目试运行考核计划，且内容满足要求；

3）项目部应配合发包人进行试运行准备工作并落实试运行所需的资源；

4）项目部应对试运行的准备工作进行检查，检查发现的问题应得到解决。

（4）试运行考核：

1）考核结束且合格后，应签署考核合格证；

2）试运行发现的问题应进行分析与反馈。

第 9 章

项目风险管理

在 GB/T 19001 中,"风险"是指不确定性的影响。

"基于风险的思维"应贯穿于项目管理全过程,它可以帮助组织建立主动预防的价值观和企业文化,也可以帮助组织更好地完成使命和达成目标,以及改进工作方式。

9.1　引言

项目风险管理是对项目风险进行识别、分析、应对和监控的过程。包括把正面事件的影响概率扩展到最大，把负面事件的影响概率减小到最小。项目风险管理是多维度、多变量、按 PDCA 进行循环，目的是避免最坏的结局。

9.2　项目风险管理策划

9.2.1　项目部应制定风险管理程序和风险管理计划，明确项目风险管理职责、内容、方法，确定风险管理目标，根据项目实施的不同阶段，对项目风险进行动态管理。

9.2.2　风险管理计划的内容包括：

（1）风险管理的目标、范围、组织、职责与权限、负责人；

（2）项目特点与风险环境分析；

（3）项目风险识别与风险分析方法、工具；

（4）项目风险的应对策略；

（5）项目风险可接受标准的定义；

（6）项目风险管理所需资源和费用估算；

（7）项目风险跟踪记录的要求。

9.3　风险管理的实施

项目部应按照风险管理计划的要求开展项目风险管理，风险管理各过程的要求包括：

（1）风险识别：

1）在风险管理策划的基础上识别项目风险；

2）对项目风险进行分类；

3）输出风险识别结果。

（2）风险评估：在风险识别的基础上进行风险评估，包括：

1）收集项目风险背景信息；

2）确定风险评估方法；

3）分析风险发生的几率和后果的严重程度，确定项目的风险水平，确定项目重大风险；

4）输出风险评估结果。

（3）风险控制：根据风险识别和评价结果制定风险应对措施或专项方案，对项目重大风险应制定应急预案，包括：

1）确定项目风险控制指标；

2）选择适宜的风险控制方法和工具；

3）风险监测、动态识别和风险更新及应对措施；

4）风险预警；

5）组织实施应对措施或应急预案；

6）评估和统计风险损失。

（4）风险应对：应依据风险识别和风险评估结果策划项目风险的应对策略，风险的应对策略可包括：

1）消除风险；

2）风险规避；

3）风险转移；

4）风险分担；

5）风险减轻；

6）风险自留；

7）以上对策的组合。

（5）风险监控：项目部应对项目风险管理实施动态跟踪和监控，对项目风险控制效果进行评估和持续改进。风险跟踪和监控的主要内容包括：

1）风险管理计划及应对措施是否按计划实施；

2）风险评估假设前提、适用范围等是否依然有效；

3）风险应对措施是否达到预期效果，是否需要制定新的应对方案，即监控应对措施的有效性，确定风险控制在可接受范围内；

4）风险是否发生变化，对风险变化趋势进行分析；

5）某一风险征兆是否已经发生，即风险预警；

6）先前未曾识别出来的风险是否已经发生或出现，即监控是否有新的风险出现。

9.4 项目风险管理过程的组织行为及管理重点

（1）编制风险管理计划：

1）项目部应组织制定风险管理计划；

2）制定的风险管理计划的内容应完整，风险识别应充分，控制措施应具有针对性、有效性；

3）风险管理计划应明确项目风险管理的职责、内容、方法，并确定风险管理目标，根据项目实施的不同阶段，对项目风险进行动态管理。

（2）风险管理：

1）项目部应按照风险管理计划的要求，结合项目实际情况开展风险识别，风险识别应充分；

2）应对项目风险进行评价和分级，风险评估方法应合理、适用；

3）应制定项目风险应对措施，应对措施应有对性或可实施性。

（3）风险监控：

1）应对风险管理计划的实施进行动态的检查、监控；

2）应针对内、外部条件的变化，对风险的变化进行跟踪和动态监控；

3）应对项目重大风险制定应急预案；

4）应正确实施应对措施，合理使用管理方法、技术和手段，对项目风险进行控制。

第10章
项目质量管理

质量管理是一个组织管理工作的重要组成部分。

质量管理通常包括制定质量方针、质量目标以及质量策划、质量保证、质量控制和质量改进等活动。

质量管理涉及组织的各个方面，在进行质量管理活动时，要基于风险的思维，最大限度地降低不利影响，尽可能地平衡组织、顾客和其他相关方的利益，从而提供符合顾客要求和其他相关方要求的产品。

10.1 引言

工程项目的质量是在工程建设过程中逐渐形成的，工程建设的各个阶段，都会对工程项目的质量形成产生不同的影响，所以工程项目的建设过程就是工程项目质量的形成过程。

10.2 质量计划

项目质量计划应体现项目全过程的质量管理与质量控制要求，质量计划应包括下列主要内容：

（1）项目的质量目标、指标和要求；

（2）项目质量管理组织机构与职责；

（3）项目质量管理所需要的过程、文件和资源；

（4）实施项目质量目标和要求采取的措施。

10.3 项目质量控制开展的活动

项目部应开展以下质量管理活动：

（1）项目部应设专职质量管理人员，负责项目的质量管理工作，监督、检查项目质量计划的实施情况，收集、分析和反馈质量信息，并制定质量改进措施；

（2）项目部应根据质量计划对设计、采购、施工和试运行过程及各过程的接口进行质量控制；

（3）项目质量经理应组织检查、考核和评价项目质量计划的执行情况，验证实施效果并通报出现的问题、缺陷或不合格，应组织召开质量分析会，并制定和实施整改措施；

（4）项目部应收集和反馈项目的各种质量信息，并定期进行分析，寻找改进机会，对影响工程质量的原因，采取预防和纠正措施，并反馈给本企业主管部门；

（5）项目部应按规定对项目实施过程中形成的质量记录进行标识、收集、保存和归档；

（6）项目部应根据项目质量计划对设计、设备材料采购、施工分包等过程质量进行控制；

（7）项目部应及时收集并接受业主意见，获取项目运行信息，将顾客回访和顾客满意度调查工作纳入本企业的质量改进活动中。

10.4　项目质量控制的主要内容

项目质量控制的主要活动内容应包括以下内容：

（1）设计质量控制：

设计是将项目的要求转化为产品的描述过程，是产品形成的关键。设计质量控制的重点应包括：

1）设计人员资格管理；

2）设计策划控制（包括组织、技术、条件接口等）；

3）设计输入控制；

4）设计技术方案的评审；

5）设计文件的校审与会签；

6）设计输出的控制；

7）设计变更的控制；

8）设计与采购接口质量控制（请购文件质量控制、报价技术评审、供应商文件审查和确认等）；

9）设计与施工、试运行接口质量控制（施工要求及可施工性分析、设计交底与图纸会审、现场设计问题处理、试运行的指导与服务等）。

（2）采购质量控制：

工程总承包物资采购质量，是交付后的工程连续、稳定和安全运行的重要因素。采购质量控制的重点包括：

1）采购质量控制策划；

2）合格的供应商；

3）询价、报价、合同文件；

4）供应商文件、资料；

5）采购物资检验；

6）运输与交付；

7）采购变更控制；

8）采购与施工、试运行的接口控制（采购进度对施工的影响、现场检验与移交、采购质量问题处理、试运行过程中设备、材料质量问题处理、供应商现场指导和服务）。

（3）施工质量控制：

1）施工质量计划；

2）确定施工质量控制点；

3）对分包过程质量监控；

4）与试运行接口控制（计划的协调、试运行中施工问题处理）。

（4）试运行质量控制：

1）试运行方案审查；

2）试运行准备工作检查；

3）考核达标存在问题及解决措施；

4）技术指导和服务质量控制。

10.5 项目质量管理过程的组织行为及管理重点

（1）质量管理机构及其职责：

1）项目部应建立质量管理机构并明确职责；

2）项目部应设置专职质量管理人员，按规定的要求开展质量管理活动。

（2）质量计划：

1）项目部应编制项目质量计划，作为对外质量保证和对内质量控制的依据；

2）质量计划的内容应符合规定的要求，对项目的质量管理和质量控制要具有针对性和指导性；

3）质量计划应经审批后实施；

4）应确定项目的特殊过程，针对特殊过程应编制专项施工方案；

5）应按质量计划的要求开展项目质量管理和现场的质量控制活动；

6）应根据质量计划对设计、采购、施工和试运行过程及各过程的接口进行质量控制。

（3）质量检查验收：

1）项目经理应驻现场，项目经理不在现场期间，应明确现场行使项目经理职责的授权人员；

2）应对施工过程中的关键质量控制点进行检查并保存质量记录；

3）质量经理应检查、监督、考核和评价项目质量计划的执行情况。

（4）质量信息收集和反馈：

1）项目部应及时收集并接受业主意见，定期进行顾客回访和业主满意度调查；

2）项目部应定期召开质量分析会，寻找改进机会，对影响工程质量的原因制定质量改进措施；

3）应将质量改进结果反馈给工程总承包企业主管部门；

4）结果反馈作为工程总承包企业的知识积累。

第11章
项目职业健康安全和环境管理

职业健康安全管理体系、环境管理体系是组织管理体系的重要组成部分，组织应将其控制下的或在其影响范围内的可能影响组织职业健康安全及环境绩效的活动、产品和服务纳入职业健康安全管理和环境管理，并不断寻求改进机会，实现企业既定目标。

11.1 引言

项目职业健康管理是对项目实施全过程的职业健康因素进行管理。包括制定职业健康方针和目标，对项目的职业健康进行策划和控制。

项目安全管理是对项目实施全过程的安全因素进行管理。包括制定安全方针和目标，对项目实施过程中与人、物和环境安全有关的因素进行策划和控制。

项目环境管理是在项目实施过程中，对可能造成环境影响的因素进行分析、预测和评价，提出预防或减轻不良环境影响的对策和措施，并进行跟踪和监测。

11.2 项目职业健康安全和环境管理计划

项目部应对项目环境、职业健康安全管理进行策划，编制项目的职业健康安全和环境管理计划，按规定的程序经批准后组织实施。

项目职业健康安全和环境管理计划内容应包括：

（1）项目概况：工程概况、地理环境、社会环境、外部依托、工区营地布置、法律法规；

（2）项目 HSE 目标：健康、安全、环境分别阐述，做到具体、可测量；

（3）组织机构：确定项目 HSE 的组织机构；

（4）人员及职责：项目部各岗位人员均负有 HSE 管理职责和任务；

（5）资源配置：人力资源配置（人员能力评估包括：岗位、能力要求等），主要施工设备、 HSE 设备及用品的配置；

（6）危险源、环境因素的识别：要考虑全部的生活和生产场所，分别列出危险源、环境因素清单；

（7）风险评价：依据本企业的相关文件或制度，采取适宜的方法，评价风险等级和可接受程度；

（8）风险控制：风险控制措施主要有六种（不限于）：保持现有措施、培训与教育、加强现场监督检查、制定管理程序（包括管理规定、操作规程、作业指导书）、制定应急预案、制定目标或指标管理方案；

（9）应急计划：应包括应急组织、应急预案、应急演练计划等。

11.3　职业健康安全管理

11.3.1　项目部应建立项目职业健康安全责任制，明确各岗位职业健康安全管理职责，落实管理目标，项目经理为项目职业健康安全管理第一责任人。专职安全管理人员应经培训取得上岗资格。

11.3.2　应对施工各阶段、部位、场所的危险源进行识别和风险评价，制定应对措施，并实施控制和管理。

11.3.3　对于危险性较大的分部分项工程应编制专项安全施工方案，对超过一定规模的危险性较大的分部分项工程，项目部应组织专家进行论证。

11.3.4　应对分包方的职业健康安全管理、教育和培训提出明确要求。

11.3.5　项目部应对施工分包单位进行职业健康安全管理交底或培训，并监督检查施工分包单位在施工作业前对所有作业人员进行安全交底。

11.3.6　项目部应制定生产安全事故隐患排查治理制度，采取技术、管理措施，及时发现并消除事故隐患。应如实记录事故隐患排查治理情况，并向相关作业人员通报。

11.3.7　施工分包单位应依法参加工伤保险，对从事危险作业的人员进行体检。

11.3.8　项目部应识别和评价潜在的紧急情况，建立应急预案。应急预案的批准、评审、培训和演练应符合规定要求。

11.3.9　项目部应对总承包施工现场职业健康安全管理绩效进行定期或不定期的检查，并定期进行合规性评价，对检查及合规性评价发现的问题应及时组织整改，必要时进行原因分析，制定措施防止再发生。应保存安全过程运行、检查、合规性评价和问题处置的相关记录，作为统计分析的依据。

11.4 环境管理

11.4.1 工程施工前，项目部应对施工现场和周边环境条件以及施工可能对环境带来的影响进行调查。

11.4.2 对施工各阶段的活动和场所的环境因素进行识别和评价，并在此基础上对项目环境管理策划，确定施工现场环境管理目标和指标，编制项目环境管理计划。

11.4.3 应根据环境管理计划进行环境管理交底，实施环境管理培训，并落实环境管理手段、设施和设备。

11.4.4 工程施工方案和专项措施应保证施工现场及周边环境安全、文明，控制噪声污染、光污染、水污染及大气污染，杜绝重大污染事件的发生。

11.4.5 实行垃圾分类，实现固体废弃物的循环利用，按规定处置有毒有害物质，禁止将有毒、有害废弃物用于现场回填或混入建筑垃圾中外运。

11.4.6 按照分区划块原则规范施工污染排放和资源消耗管理，进行定期检查或测量，实施预控和纠偏措施，保持现场良好的作业环境和卫生条件。

11.4.7 项目部应识别和评价潜在的紧急情况，并在此基础上建立应急预案。当出现环境事故紧急情况时，启动应急响应以消除或减少污染，隔离污染源并采取相应措施防止二次污染。

11.4.8 项目部应对总承包施工现场环境管理绩效进行定期或不定期的检查并定期进行合规性评价，对检查及合规性评价发现的问题组织整改，必要时进行原因分析，制定措施防止再发生。应保存环境过程运行、检查、合规性评价和问题处置的相关记录，作为统计分析的依据。

11.5 项目职业健康安全和环境管理过程的组织行为及管理重点

（1）职业健康、安全和环境管理的策划：

1）项目部应编制职业健康、安全和环境管理计划，计划应审批，计划应下发给相关岗位人员和施工分包单位；

2）应确定项目职业健康、安全和环境管理目标，制定的目标应合理。应对目标的实施情况进行检查；

3）项目经理是项目职业健康、安全和环境管理第一责任人，项目部各岗位人员的职业健康、安全和环境管理职责应明确；

4）项目专职的职业健康、安全和环境管理人员应经培训取得上岗资格。

（2）危险源、环境因素识别、风险评价：

1）应结合施工各阶段，动态识别项目现场各部位、各场所的危险源、环境因素；

2）危险源、环境因素识别应充分，没有遗漏；

3）工程施工前，项目部应对施工现场和周边环境条件以及施工可能对环境带来的影响进行调查；

4）应对危险源、环境因素进行风险评价和分级，确定重要环境因素和职业健康、安全不可接受风险；

5）针对危险源、环境因素制定有效的控制措施。

（3）施工过程职业健康、安全和环境风险控制：

1）应对危险性较大的分部分项工程编制专项施工方案；

2）对超过一定规模的危险性较大的分部分项工程应组织专家论证，应对专家论证意见的落实情况进行跟踪确认；

3）应对分包方的安全生产管理、教育和培训提出明确要求，并对这些要求的实施情况进行检查；

4）项目部应对施工分包单位进行职业健康、安全和环境交底或培训；

5）项目部应对施工分包单位在施工作业前对所有作业人员进行职业健康、安全和环

境交底情况进行监督检查;

6）应制定生产安全事故隐患排查治理制度，并按照制度程序要求对项目开展安全隐患排查;

7）项目现场应设置公告栏，通报隐患排查结果，应在有重大事故隐患和较大危险的场所和设备设施上设置明显警示标志;

8）总承包单位应对施工分包单位依法参加工伤保险和体检情况进行检查;

9）应识别潜在的事故和可能发生的紧急情况并建立应急预案，应急预案内容应满足要求并经审批;

10）项目部应组织应急预案的培训;

11）应开展应急演练并保留记录，应对应急演练效果和应急预案的可行性进行评估;

12）应按职业健康、安全和环境计划或相关制度进行开展项目检查，检查发现的问题应确认整改到位;

13）应保留项目职业健康、安全和环境控制、检查的记录;

14）施工现场环境因素应得到有效控制，文明施工管理应有效实施;

15）施工现场危险源的控制措施应得到有效实施。

（4）应进行合规管理:

1）应识别适用的法律法规要求，开展合规性评价并保留记录;

2）合规性评价内容应充分。

第12章
项目进度管理

　　工程总承包项目进度管理是一项专业性非常强且十分复杂的技术工作，需要梳理项目设计、采购、施工、试运行等各阶段工作之间错综复杂的逻辑关系和接口。应借助信息化手段或工具进行进度管理，提升项目进度管控水平，降低项目进度风险。

12.1　引言

项目进度管理是根据进度计划，对进度及其偏差进行测量、分析和预测，必要时采取纠正措施或进行进度计划变更的管理。项目进度管理是以项目进度计划为控制基准，通过定期对进度绩效的测量，计算进度偏差，并对偏差原因进行分析，采取相应的纠正措施。当项目范围发生较大变化，或出现重大进度偏差时，经过批准可调整进度计划。项目进度管理是确保项目依据合同约定时间完成所需的过程。它主要涉及活动定义、活动排序、活动历时估算、进度计划编制和进度控制等。

12.2　项目进度控制

12.2.1　项目部应建立项目进度管理体系，按合同要求的工作范围和进度目标，制定工作分解结构（WBS），并编制进度计划及进度说明书。

12.2.2　进度计划应分为项目总进度计划和项目分级进度计划。项目总进度计划应依据合同约定的工作范围和进度目标进行编制。项目分级进度计划是在总进度计划的约束条件下，根据工作分解结构（WBS）的活动内容、活动间的逻辑关系和资源条件进行编制。

12.2.3　宜采用网络计划、信息技术、赢得值管理等进行项目进度控制，对进度实施情况进行跟踪、数据采集，并应根据进度计划，优化资源配置，采用检查、比较、分析和纠偏等方法和措施，对计划进行动态控制，持续修正各级进度计划，将进度控制在项目批准的进度计划以内，定期发布项目进度执行报告。

12.2.4　当进度计划的变更影响合同工期时应向发包人报告，应按合同变更程序进行计划工期的变更管理。根据合同变更的内容和对计划工期、费用的要求，预测计划工期的变更对质量、安全、职业健康和环境保护等的影响，并实施控制。

12.2.5 应根据项目进度计划对工程设计、采购、施工和试运行相互之间接口进行重点监控。

12.3 设计、采购、施工、试运行各阶段工作的进度协调

12.3.1 基于合同要求、里程碑计划、 WBS 及各项工作逻辑关系，结合设计、采购、施工及试运行等相关部门意见并协调处理后，制定出符合工程实际情况的工程进度计划，经控制经理及各相关部门经理同意，并经项目经理批准后，提交业主审批。

12.3.2 设计计划应纳入工程总承包管理之中，使设计阶段的进度计划与设备材料采购、现场施工及试运行等进度相互协调，确保设计进度满足设备材料采购和现场施工需要。设计进度也往往受到采购的影响，比如供应商资料返回的滞后等，引起设计进度的调整。

12.3.3 采购进度应以施工安装需求为导向，与施工安装进度控制点进行合理交叉和深度融合。

12.3.4 施工进度计划应根据项目合同工期及其他约束条件，综合分析各类影响因素，确定施工进度计划。编制施工进度计划时，应考虑与质量、费用目标协调的基础上，通过合理有效的组织安排，平行施工、流水施工、合理搭接交叉等，实现工期目标。施工进度计划编制时，应留有一定的余地，以应对实施过程中出现的影响工期的意外情况。

12.4 项目进度管理过程的组织行为及管理重点

（1）项目进度计划编制：
1）项目部应制定项目进度控制目标；

2）项目部应依据合同约定的工作范围和进度目标编制项目总进度计划，总进度计划应充分考虑设计工作的内部逻辑关系及资源分配、外部约束等条件，并应与工程勘察、采购、施工和试运行等的进度协调；

3）项目部应依据项目总进度计划和工作分解结构（WBS）编制项目分级进度计划；

4）项目部应编制进度说明书；

5）编制的进度计划，活动内容、控制点、逻辑关系应清晰、明确；

6）进度计划应充分体现设计、工程勘察、采购、施工和试运行进度的协调。

（2）项目进度控制：

1）项目部应实时监测项目进度情况，及时调整各级进度计划；

2）当进度计划的变更影响合同工期（包括项目重要里程碑）时，应向发包人报告，并按合同变更进行处理；

3）应定期发布项目进度执行报告；

4）应采用信息技术进行进度控制；

5）应对项目进度进行检查、比较、分析和纠偏；

6）应分析计划工期的变更对质量、费用、安全、职业健康和环境保护等的影响，并将变更内容传达到质量、费用、职业健康、安全和环境管理岗位人员。

第13章
项目费用管理

项目费用控制是一项复杂的系统工程，既包含许多技术理论，也有大量的经验成分。熟练掌握并有效进行项目费用控制，是一个长期积淀和循序渐进的过程。项目费用控制需要对项目资源、项目策划、项目实施乃至项目收尾等进行全过程控制，提前分析、预测影响项目费用控制的主要因素，做到有主有次，抓大不能放小，才能确保项目费用始终受控。

13.1 引言

项目费用管理是保证项目在批准的预算内完成所需的过程。它主要涉及资源计划、费用估算、费用预算和费用控制等。

项目费用是指工程总承包项目的费用，其范围仅包括合同约定的范围，不包括合同范围以外由项目发包人承担的费用。

13.2 项目费用计划

13.2.1 项目费用计划应由控制经理组织编制，经项目经理批准后实施。

13.2.2 项目费用计划编制的主要依据应为经批准的项目费用估算、工作分解结构和项目进度计划。

13.2.3 项目费用计划的编制要按照时间和工作包（工作项）两个维度进行分解。

13.3 项目费用控制

13.3.1 项目部应设置费用管理人员，负责编制工程总承包项目费用计划并实施费用控制。

13.3.2 项目费用计划是将整个项目估算的费用分配到各项活动和各部分工作上，以此作为费用控制的依据和执行的基准。

13.3.3 项目部宜采用赢得值管理技术及相应的项目管理软件进行费用和进度综合管理。

13.3.4 项目部应以项目管理需要为目的，根据设计文件和技术资料，编制相应深度的项目费用估算。

13.3.5 项目部应按费用控制目标将进度计划和工作分解结构进一步分解形成费用计划；项目部应依据项目费用计划、进度报告及工程变更，采用检查、比较、分析、纠偏等方法和措施，对费用进行动态控制。项目部应对整个项目竣工时的费用进行预测，对可能的超支进行预警，采取适当的措施，使费用偏差控制在允许的范围内。

13.3.6 项目部应按合同变更程序进行费用变更管理，评审费用变更对质量、进度、职业健康和环境保护等的影响，并实施和控制。

13.3.7 项目部应根据项目进度计划、费用计划、合同价款及支付条件，编制项目资金流动计划和项目财务用款计划，按规定程序审批和实施。

13.3.8 项目部应对资金风险进行管理。分析项目资金收入和支出情况，规避资金风险。

13.3.9 项目竣工后，项目部应完成项目成本和经济效益分析报告，并上报本企业相关部门。

13.4 项目费用管理过程的组织行为及管理重点

（1）费用计划编制：

1）项目部应根据设计文件和技术资料编制项目费用估算；

2）项目费用计划编制的主要依据应为经批准的项目费用估算、工作分解结构和项目进度计划；项目费用计划的编制要按照时间和工作包（工作项）两个维度进行分解；

3）项目部制定的费用控制目标应符合本企业下达的费用控制目标；

4）项目部应将费用控制指标按进度计划和工作分解结构进一步分解形成费用计划。

（2）费用控制：

1）项目部应依据项目费用计划、进度报告及工程变更，采用检查、比较、分析、纠偏等方法和措施，对费用进行动态控制，使费用偏差控制在允许的范围内；

2）项目部应对整个项目竣工时的费用进行预测，对可能的超支进行预警；

3）项目部应编制项目资金流动计划和项目财务用款计划，计划经审批后实施；

4）项目部应分析项目资金收入和支出情况，规避资金风险。

（3）费用变更管理：

合同变更时，应评价费用变更对质量、进度、职业健康、安全和环境保护等的影响，并实施控制。

（4）项目费用分析报告：

项目竣工后，应编制项目成本和经济效益分析报告，并上报本企业相关部门。

第14章
项目资源管理

组织应确定并提供所需的资源，以建立、实施、保持和持续改进项目管理。

资源可以是内部的也可以是外部的，在确定所需资源时，组织应从人员、基础设施、过程运行环境、监视和测量资源、组织的知识五个方面考虑，评审组织目前所具有的能力，同时应识别为减少不利影响或达成目标，目前还有哪些受限条件，以及满足这些条件需要在资源配置上采取哪些措施。

14.1　引言

项目资源管理是为了降低项目成本，而对项目所需的人力、材料、机械、技术、资金等资源所进行的计划、组织、指挥、协调和控制等活动。项目资源管理的全过程包括项目资源的计划、配置、控制和处置。

14.2　项目资源的优化配置

14.2.1　工程总承包企业建立并完善项目资源管理机制，根据项目特点和资源需求情况，为工程总承包项目合理投入资源。

14.2.2　项目资源管理应在满足实现工程总承包项目的质量、安全、费用、进度以及其他目标需要的基础上，进行项目资源的优化配置。

14.2.3　项目资源优化是项目计划的重要组成部分，包括资源规划、资源分配、资源组合、资源平衡和资源投入的时间安排等。

14.2.4　项目资源优化包括项目人力、设备、材料、机具、技术和资金等各方面资源的优化。

14.3　项目资源管理要求

14.3.1　项目资源管理的全过程应包括项目资源的计划、配置、控制和调整。

14.3.2 项目资源管理要随时监控资源投入（或资源退出）与质量、安全、费用、进度、职业健康和环境保护等之间的关系及其影响程度，保证资源的投入与质量、安全、费用、进度、职业健康和环境保护等之间的动态平衡。

14.3.3 项目部应制定计划对项目人员进行岗位培训。

14.3.4 项目部应制定和实施项目人员绩效考核和奖惩制度。

14.3.5 项目部应编制项目机具需求和使用计划，对进入施工现场的机具进行检验和登记，并按要求报验。现场机具应由专门的操作人员持证上岗，按操作规程作业，并在使用中做好维护和保养。

14.3.6 项目部应建立项目设备材料控制程序和现场管理规定，对设备、材料进行入场检验、仓储管理、出入库管理和不合格品管理等。

14.3.7 项目部应按本企业技术管理规定，对项目的技术资源和技术管理活动进行策划、组织、协调和控制。

14.3.8 项目部应对项目实施过程中的资金流进行管理和控制。

14.4 项目资源管理过程组织行为及管理重点

（1）项目部应识别人力、基础设施、材料、技术、资金等资源需求，制定资源需求计划。

（2）工程总承包企业应为工程总承包项目合理投入资源。

（3）项目部的资源配置应合理，满足项目质量、安全、费用、进度等运行需求。

（4）项目资源投入应在满足实现工程总承包项目的质量、安全、费用、进度以及其他目标需要的基础上，进行优化配置。

（5）项目部应按计划对项目岗位人员进行培训。

（6）项目部应对项目各岗位人员进行绩效考核和评价，并将考核结果反馈本企业人力资源管理部门和项目管理职能部门。

（7）项目部应进行技术资源管理，开展技术管理活动。

（8）项目部应确定并配置适宜的监视和测量资源。测量设备应按规定检定、校准，测量设备的保管应满足要求。

第15章
项目沟通与信息管理

　　组织应明确与项目相关的内部和外部沟通,包括:沟通什么;何时沟通;与谁沟通;如何沟通;谁来沟通,有效的沟通是组织内部及其相关方建立共识的重要手段,组织应进行沟通策划,确保沟通是系统的并且具有自己的特色,要将组织关于组织环境、顾客及其他相关方的需求和期望准确地传递给全体员工以及供应商、合作伙伴和其他相关方。

15.1 引言

项目沟通管理应贯穿工程总承包项目管理的全过程。项目沟通管理是保证项目信息能够被及时适当地生成、收集、分析、分发、储存和最终处理所需要的过程。其目的是协调项目内外部关系，互通信息，排除误解、障碍，解决矛盾，保证项目目标的实现。项目沟通的内容包括项目建设有关的所有信息，项目部须做好与政府相关主管部门的沟通协调工作，按照相关主管部门的管理要求，提供项目信息，办理与设计、采购、施工和试运行相关的法定手续，获得审批或许可。做好与设计、采购、施工和试运行有直接关系的社会公用性单位的沟通协调工作，获取和提交相关的资料，办理相关的手续及审批。根据项目干系人需求和反馈意见建立沟通渠道。项目沟通要及时、双向，确保信息被及时分享。定期对沟通计划和沟通程序进行评估和调整。

15.2 项目沟通与信息管理要求

15.2.1　项目部应制定沟通与信息管理程序和制度，充分利用各种沟通工具及方法，采取相应的组织协调措施，与项目干系人以及在项目团队内部进行充分、准确、及时的信息沟通。

15.2.2　项目部应根据项目规模、特点与工作需要，设置专职或兼职项目信息管理和文件管理控制岗位。

15.2.3　项目部应制定项目沟通管理计划和项目信息管理计划，明确信息沟通和信息管理的内容和方式，并根据项目实施过程中的情况变化进行调整。

15.2.4　项目部应制定收集、处理、分析、反馈和传递项目信息的管理规定，并监督执行。

15.2.5　项目信息沟通和信息管理应遵循 PDCA 模式，项目部应对沟通的绩效进行评估，检查项目信息沟通的有效性，采取措施改进信息沟通方式方法，提高信息管理绩效。

15.2.6　项目部应按统一规定对项目文件和资料进行管理，并应随项目进度收集和处理。

15.3　项目沟通与信息管理过程的组织行为及关注重点

（1）建立信息管理系统：

1）项目部应建立项目信息管理和项目沟通管理系统；

2）项目信息管理应采用以计算机、网络通信、数据库作为技术支撑的现代信息管理技术，对项目全过程所产生的各种信息，及时、准确、高效地进行管理；

3）项目信息管理和信息沟通的职责、方法、要求应明确；

4）项目信息应实现共享和有效利用，项目信息应按规定传递。

（2）制定项目沟通计划：

1）项目部应制定项目沟通管理计划；

2）信息沟通计划应对信息沟通的内容和方式进行策划；

3）应根据项目实施过程中的情况变化对沟通计划进行调整。

（3）信息沟通管理：

1）项目部应通过项目例会、班前会、班后会等形式进行项目部内部沟通；

2）项目部应按信息沟通计划的安排进行信息沟通；

3）沟通方式应能达到沟通的目的和效果，信息沟通应及时和充分；

4）项目部应按项目信息管理和文件管理进行信息沟通控制；

5）项目部应按规定收集、整理项目信息；

6）项目部应获得项目运行和控制所需的管理文件、技术文件；

7）项目部使用的法律法规、技术标准、验收规范及其他文件均应适用有效。

第16章
工程总承包合同管理

　　合同管理是工程总承包管理的重要组成部分，必须贯穿于整个工程项目管理过程中。在建设项目中，没有合同意识，则工程项目整体目标不明；没有合同管理，则项目管理难以成系统，成本不受控，难以有高效。加强合同管理使企业经济效益最大化。

16.1　引言

工程总承包企业应建立工程总承包合同管理制度，明确各类合同管理的职责、责任、程序和要求。项目部应按合同管理制度对工程总承包合同和分包合同进行管理，并接受本企业合同管理部门的指导和监督检查。

16.2　工程总承包合同管理内容

工程总承包合同管理应包括以下内容：

（1）工程总承包企业合同管理部门应向项目部进行合同交底；

（2）项目部接收合同文本并检查、确认其完整性和有效性；熟悉和研究合同文本；

（3）了解和明确业主的要求，确定项目合同控制目标，制定实施计划和保证措施；

（4）项目部检查、跟踪合同履行情况，收集和整理合同信息，并按规定报告项目经理；

（5）项目部对合同履行中发生的违约、索赔和争议处理等事应进行处理；

（6）项目部进行合同收尾；

（7）项目部应制定合同变更管理程序，对项目合同变更进行管理，当涉及工程总承包合同变更时，及时报告本企业合同管理部门。应将合同变更纳入合同管理范围。

16.3　合同变更管理

合同变更管理应包括以下内容：

（1）提出合同变更申请，同时明确变更内容、理由及处理措施、性质和责任承担方，以及对项目质量、安全、费用和进度等的影响；

（2）组织相关人员开展合同变更评审/评估，并提出实施和控制计划；

（3）按规定审批合同变更；

（4）经业主确认，形成书面文件；

（5）组织实施。

16.4　合同履行的总结和评价

项目部应向业主发出书面通知，要求业主签发合同项目最终履约证书或验收证书，项目竣工后，项目部应对合同履行情况进行总结和评价。

设计分包合同、施工分包合同、采购合同和检验分包合同等的管理内容见相关章节。

16.5　工程总承包合同管理过程的组织行为及管理重点

（1）合同的管理：

1）工程总承包企业应建立合同审批流程，按审批流程和规定的权限，对合同进行审查；

2）合同管理部门应向项目部进行工程总承包合同交底；

3）合同管理部门应对工程总承包合同的履行进行监督检查；

4）项目部负责工程总承包合同的履行；

5）项目部应确定合同管理人员；

6）项目部应对施工分包合同的履行进行监督检查；

7）应在合同中明确合同文件的优先权次序；

8）对合同履行情况监督检查发现的问题应采取有效措施，以防止偏离合同要求。

（2）合同变更管理：

1）项目部应制定合同变更管理程序，合同变更应按规定审批；

2）应识别和评价合同变更对项目质量、安全、费用和进度等的影响并采取措施。

（3）合同文件管理：

1）项目部应建立合同文件台账；

2）合同应便于检索和保管。

（4）合同收尾：

1）项目部应按分包合同约定程序和要求进行分包合同收尾。项目部合同管理人员对合同约定的要求进行检查和验证，当确认已完成缺陷修补并达标时，进行最终结算并关闭分包合同；

2）合同关闭后，应得到业主签发的最终履约证书或验收证书。

第17章

项目收尾

　　项目收尾管理是项目管理过程的最后阶段，当项目的阶段目标或最终目标已经实现，项目就进入了收尾工作过程。只有通过项目收尾这个工作过程，项目才有可能正式投入使用，才有可能生产出预定的产品或服务。

17.1　引言

项目收尾包括合同收尾和项目管理收尾：一是合同收尾，完成合同规定的全部工作和决算，解决所有未了事项；二是管理收尾，收集、整理和归档项目文件，总结经验和教训，评价项目执行效果，为以后的项目提供参考。

17.2　合同收尾的内容

项目经理负责组织项目的收尾工作，项目收尾工作应包括：

（1）竣工验收；

（2）向顾客移交最终产品、服务或成果；

（3）竣工结算；

（4）项目总结及改进；

（5）项目资料归档；

（6）项目考核与审计；

（7）对分包方及供应商的后评价。

工程项目达到竣工验收条件时，项目部应向业主提出工程竣工验收申请，依据合同约定和国家有关规定配合业主进行竣工验收。

17.3　管理收尾的内容

管理收尾包括一系列繁杂、琐碎的工作，是全面考察项目实施工作成果的重要阶段。在此阶段，项目经理要组织收尾团队做好下列主要工作：

（1）收集、整理项目文件，建立项目文档；

（2）发布项目信息；

（3）组织项目验收和移交；

（4）项目总结及经验教训；

（5）完工结算及效果分析；

（6）团队解散及人员评价；

（7）项目回访及项目后评价。

17.4 项目总结及考核、评价

项目经理应组织相关人员进行项目总结，并编制项目总结报告。项目总结报告应包括下列主要内容：

（1）项目概况及执行结果；

（2）报价及合同管理的经验和教训；

（3）项目质量、安全、费用、进度的控制和管理情况；

（4）设计、采购、施工和试运行的实施结果；

（5）项目管理最终数据汇总；

（6）项目管理取得的经验和教训；

（7）改进的建议。

工程总承包企业应依据项目管理目标责任书对项目部进行考核。项目部应依据项目绩效考核和奖惩制度对项目团队成员进行考核；

项目部应依据分包方及供应商的管理规定，对分包方及供应商进行后评价，并将评价结果反馈本企业相关职能部门。

17.5 项目收尾过程的组织行为及管理重点

（1）项目部应建立收尾组织，明确项目收尾内容，由项目经理组织对项目收尾情况进行检查、确认。

（2）项目部应按时完成竣工验收和工程结算，按时完成项目资料归档；按时办理工程移交手续及项目考核与审计。

（3）项目部应进行项目总结，编制总结报告，项目总结内容应包括项目全过程管理、控制的经验、教训。

（4）应依据项目管理目标责任书对项目部进行考核，项目部应依据项目绩效考核和奖惩制度对项目部成员进行考核。

（5）项目部应对外部供方进行后评价，并将评价结果反馈本企业相关职能部门。

第18章

标识和可追溯性管理

组织应采用适当的方法识别输出，以确保产品和服务合格。

组织应在生产和服务提供的整个过程中按照监视和测量要求识别输出状态，当有可追溯性要求时，应按控制输出的唯一性标识，并应保留所需的成文信息以实现可追溯。

18.1 引言

在工程总承包实施全过程中，应对原材料、构配件、设备、过程产品和最终产品以及检验状态进行标识，当有可追溯要求时，应有唯一性标识。标识一般可分为3类：产品标识、状态标识和可追溯性标识。

18.2 标识的分类

18.2.1 产品标识：一般包括原材料、构配件、设备等产品的名称、编号、材质、规格型号、客户名称等相关信息。对于工程总承包项目一般包括采购的建筑材料、构配件、设备的名称、编号、材质、规格型号、生产厂商等信息。还包括设计文件的标识，如图签上的项目名称、图纸名称、设计单位名称及标识、各级责任人的签署等。产品标识是唯一的。

18.2.2 状态标识：指在生产过程中产品的状态，如合格、不合格、待加工、待挑选、检查中等相关标识。在工程总承包项目中，通常用于标识采购物资检验和施工质量检验的状态，如合格、不合格、待检、检查中等状态。状态标识是可以变化的。

18.2.3 可追溯性标识：为了在检验或装配、使用过程中发现质量异常时能追踪到生产产品的时间、地点、班别、数量等，把异常范围锁定到某一具体的阶段以有效地标识隔离。产品标识侧重于产品的自身信息和归属性，状态标识侧重于生产过程产品显现出来的状态，而可追溯性标识可覆盖产品从头到尾的有关联的信息。

18.3 标识的管理

产品标识的方法一般为：标签、标牌、钢印、记号及随货供应的质保书、合格证、检验/试验报告或其他适宜的方法对产品进行标识，以及表明监视和测量状态（待检、已检待定、合格或不合格四种状态）。

状态标识的方法一般为：标识状态的方法要醒目、易查，标识的内容主要反映被标识产品的特性和状态。

18.3.1 设备、材料标识管理

设备、材料标识管理应包括以下内容：

（1）设备材料接收前检查标识，标识应符合合同、标准或行业的相关规定，标识不符合要求应拒收；

（2）设备材料接收后应按项目现场规定重新进行标识，标识应处于明显位置，便于识别。标识的内容应包括名称、规格型号、材质、数量、出厂编（批）号、质保书编号、供方名称、保管责任人等。其中设备材料的状态标识按进货检验的结果分为"合格"、"待检"，对检验不合格的在退货或处理前做"不合格"标识；

（3）设备材料的标识必须有记录并一一对应，以便追溯；

（4）设备材料接收后的装卸、储存、转运或维护过程中，应做好标识的保护或移植，标识移植应做好移植记录。

18.3.2 施工过程标识管理

施工过程标识管理内容包括：

（1）施工过程中的标识须具有可追溯性，例如焊口的施焊材料、施焊过程记录，结构、基础所用的钢筋、水泥、砂等；

（2）对有可追溯性要求的施工工序使用唯一性标识并加以记录，以满足可追溯性要求。

18.4 标识和可追溯性管理过程的组织行为及关注重点

（1）项目部应在项目现场设置产品标识，对进场的设备、原材料、构配件进行标识，防止混乱和误用。产品标识是唯一性的。

（2）项目部应对进场的设备、原材料、构配件检验状态进行标识，对施工质量验收状态进行标识，同时对上述验收状态加以记录。

（3）对有可追溯性要求的施工工序使用唯一性标识并加以记录。

（4）质量记录内容应具有可追溯性。

第19章
顾客或外部供方财产的控制

组织应爱护在组织控制下或组织使用的顾客或外部供方的财产。

19.1 引言

工程总承包企业应爱护在工程总承包项目实施过程中在其控制下或使用的顾客或外部供方的财产。对顾客和外部供方财产，应识别财产的所有者，验证顾客或外部供方财产准确性、适用性，并对其进行适当的保护和防护。

若顾客或外部供方的财产发生丢失、损坏、失密或发现不适用情况，应向顾客或外部供方报告，并保留相关记录。

19.2 顾客或外部供方财产类型

工程设计活动所涉及的顾客或外部供方财产可包括：

（1）顾客提供的专利、专有技术；

（2）顾客提供的上阶段设计文件或其他技术资料、商业信息。

施工、试运行过程中涉及的顾客财产可包括：

（1）顾客提供的用于工程建设的设备、工程材料、构配件等；

（2）顾客提供的办公场所及相关设施；

（3）工程总承包项目建设中以及建成的工程；

（4）外部供方财产可能包括分包方提供项目部使用的测量仪器、办公设施等。

19.3 顾客或外部供方财产控制要求

工程总承包企业应爱护在工程总承包项目实施过程中在其控制下或使用的顾客或外部供方的财产。对顾客或外部供方财产的控制包括（但不限于）：

（1）应识别工程总承包项目的顾客或外部供方财产，清楚财产的所有者。顾客或外部供方财产在接收前应进行验证，确保完整和适用，并对其进行适当的保护和防护；

（2）工程项目甲供原材料应用于顾客指定的用途，未经顾客批准不得挪用或做不适当的处置；应验证顾客财产数量、规格、型号、质量证明文件等。未经验证、检测，不得用于工程施工；

（3）对顾客提供的图纸、标准、技术资料按文件控制的要求进行控制（识别、控制发放等）；

（4）顾客提供的图纸、技术资料等均属顾客知识产权，接收和使用应遵守顾客要求，未经顾客同意，不得向第三方泄密；

（5）当顾客提供财产在接收、贮存、使用、交付中出现质量不合格、有缺陷、损坏或加工使用过程中出现质量降低、功能缺陷等情况时，应按不合格品控制要求将其隔离存放，并做标识和与顾客沟通，取得一致的处理意见。顾客有要求的按顾客要求执行；

（6）若顾客或外部供方的财产发生丢失、失密或发现不适用情况，应向顾客或外部供方报告，并保留相关记录。

19.4 顾客或外部供方财产控制过程的组织行为及管理重点

（1）项目部应对顾客和外部供方财产予以识别、验证、保护和防护，识别应准确、充分；

（2）使用顾客财产（如：甲方提供的工艺包、甲供设备、材料等）或供方财产（如：施工分包单位的测量设备等），应对适用性、完整性等进行验证，并按规定保护；

（3）当顾客提供财产在接收、贮存、使用、交付中，出现质量不合格、有缺陷、损坏或加工使用过程中出现质量降低、功能缺陷等情况时，应按不合格品控制要求将其隔离存放，并与顾客沟通，取得一致的处理意见；

（4）当顾客或外部供方的财产发生丢失、损坏、失密或发现不适用情况，应及时向顾客或外部供方报告。

第20章
工程总承包项目防护

　　组织应在生产和服务期间对输出产品进行必要的防护，以确保符合要求。防护可包括标识、处置、污染控制、包装、储存、传输或运输以及保护。

20.1 引言

在工程总承包项目实施期间应对采购物资和施工过程中的原材料、中间产品、成品等进行必要的防护，以确保工程质量符合要求；应对工程总承包成果文件资料、过程运行记录、图纸、光盘等进行适当防护，保持文件、数据的清晰、完整、可读、保密。

20.2 工程总承包项目防护的内容

在工程总承包项目实施期间应对采购物资和施工过程中的原材料、中间产品、成品等进行必要的防护，以确保工程质量符合要求。应根据产品特性采取适当的防护措施：

（1）施工成品、半成品防护：

应进行适当的标识、包装、储存、封存，以防止被损坏、变形、腐蚀或污染。例如：

1）土方工程施工的土方开挖：对地下管线应注意保护，防止发生渗漏等事故；

2）防水工程施工：底板、屋面、厕浴间防水完成后，严禁穿带钉鞋在上行走，防止破坏防水层；防水完工后，不得剔凿；防水层施工完毕，及时做好保护层并进行回填土；

3）钢筋绑扎施工：在梁、板绑扎成型完工的钢筋上，后续工种、施工作业人员不能任意踩踏或堆放重物，以免钢筋弯曲变形；板钢筋施工完毕后，严禁在钢筋上行走或压重物；楼梯钢筋绑扎后应搭临时支撑固定；

4）模板施工：安装预留、预埋应在支模时配合进行，不得任意拆除模板及重锤敲打模板、支撑，以免影响质量；

5）混凝土施工：雨期施工混凝土成品，应按雨期要求进行覆盖保护；墙体拆模后及顶板混凝土浇筑完后，要延续浇水养护七昼夜，一昼夜至少养护三次以上，天气炎热时要增加浇水次数保证混凝土表面湿润。必要时对浇筑完成后的混凝土做阳角保护。

（2）工程物资的防护：

1）带有防护标识和警示标识的物资在装卸、搬运时，标识应清楚、齐全，包装完整，如损坏应予以恢复；

2）无标识物资进场后应设置产品标识，按本书"标识和可追溯性"一章的要求实施；

3）对工程物资在装卸和搬运时进行有效的防护，防止变形、损坏、受潮或锈蚀等；

4）不同工程物资的储存应满足储存条件，露天储存应有防雨、防潮、防变形等措施；危险化学品的储存应符合《危险化学品管理条例》的规定。

（3）对工程总承包成果文件资料、过程运行记录，图纸、光盘等应适当防护，保持文件、数据的清晰、完整、可读、保密。资料、数据等通过电子邮件、传真等方式进行传输时，应保持完整，防止数据丢失和泄密等。

20.3　工程总承包项目防护过程的组织行为及管理重点

（1）项目部应对现场工程原材料、设备、构配件，以及分项、分部完工的工程等进行有效的防护，避免由于防护不当导致损坏、破坏、腐蚀、变形、污染等情况。

（2）对工程总承包项目文件、资料防护采取防护措施，以免发生丢失、不清晰、不完整的情况。

第21章
工程总承包项目移交后服务

　　组织应满足与产品和服务相关的交付后活动的要求。在确定所有要求的交付后活动的覆盖范围和程度时，组织应考虑：法律法规要求；与产品和服务相关的潜在不良的后果；产品和服务的性质、使用和预期寿命；顾客要求；顾客反馈。

21.1 引言

工程总承包企业应根据合同、法律法规等要求，实施交付后活动。主要内容包归档整理交付工程记录文件；提供工程试运投产前的培训、指导；提供交付后保修期或缺陷责任期的保修、非保修范围内的维修等服务；顾客满意信息收集等。

21.2 工程总承包项目移交后服务范围

在确定交付后活动的覆盖范围和程度时，应考虑：

（1）法律法规要求；

（2）与产品和服务相关的潜在不良的后果；

（3）产品和服务的性质、使用和预期寿命；

（4）顾客要求和顾客反馈意见。

21.3 交付后服务的实施

工程总承包企业应根据合同、法律法规等要求，实施交付后活动，包括：

（1）工程总承包项目竣工验收后应根据法规要求及合同约定，提供工程试运投产前的培训、指导，配合试运行和提供交付后保修期或缺陷责任期的保修、非保修范围内的维修等服务；

（2）与顾客签署各种交工证明文件，归档整理工程记录文件并移交顾客；

（3）应保持交付后服务过程和结果的适当记录；

（4）应在规定期限内对服务的需求信息应做出响应并组织实施，并对服务质量进行控制、检查和验收；

（5）收集顾客使用过程中发现的质量问题、顾客对工程项目质量、保修服务质量的满意程度及建议，并分析和评价发包方的满意程度及感受等有关信息，分析顾客的满意程度，评价质量管理持续满足顾客需求的能力。

21.4 工程总承包项目移交后服务过程的组织行为及管理重点

（1）工程总承包合同中应明确交付后活动的范围。

（2）应按合同要求、法规要求策划和安排交付后的活动，例如责任期内的保修和非保修范围的维修。

（3）应明确对缺陷责任期内的设备、设施的操作和维护的责任。

（4）应保持交付后服务过程和结果的适当记录。

（5）应收集项目交付后发生的质量问题和顾客反馈的意见或建议，作为质量改进的依据。

第22章
工程总承包项目更改的控制

组织应对生产或服务提供的更改进行必要的评审和控制，以确保持续地符合要求。

组织应保留成文信息，包括有关更改评审的结果，授权进行更改的人员以及根据更改评审所采取的必要措施。

22.1 引言

工程项目变更内容一般包括设计变更、技术标准变更、材料代换、施工技术方案或施工顺序的变更等，工程变更应综合考虑整个项目的进度、质量、费用、安全等因素，组织对变更的影响进行评审，并保存相关评审记录。

22.2 更改的原因、目的及内容

22.2.1 引起更改的主要原因有设计疏漏、现场施工条件限制、设备或材料采购限制，或顾客提出的变更等。目的是纠正工程实施中的以下后果：

（1）不满足使用、消防、安全、环保、卫生等方面的要求；

（2）不满足合同要求的工程质量；

（3）不满足施工过程安全的要求；

（4）不满足施工进度要求；

（5）不满足顾客变化的要求等。

22.2.2 更改的内容包括：

（1）策划文件因项目内外环境和相关方要求的变化而发生的变更和调整；

（2）顾客调整工程范围、工程内容、工程量；

（3）设计不完善引发的过程变更；

（4）技术标准、规范的变更；

（5）材料替换；

（6）施工技术方案或施工顺序的改变；

（7）施工环境、施工工艺变化导致的变更；

（8）由于供应商的延迟交货导致的变更；

（9）法律法规、标准规范发生变化；

（10）质量、安全问题引发的变更等。

22.3 工程总承包项目更改的控制

应对变更实施控制，包括：

（1）变更的需求和原因确认；

（2）变更的沟通与协商；

（3）变更文件的确认或批准；

（4）变更管理措施的制定与相关施工活动的调整；

（5）变更管理措施有效性的评价。

工程总承包项目更改应综合考虑整个项目的进度、质量、费用、安全等因素，也要考虑施工承包商自身条件和现场条件的限制，达到项目利益最大化。应在实施前对变更引发的潜在后果进行评审。保留变更有关的评审、授权更改的人员及根据评审采取必要措施的记录。

22.4 工程总承包项目更改控制过程的组织行为及管理重点

（1）项目部应制定变更管理程序。

（2）工程总承包项目更改应综合考虑整个项目的进度、质量、费用、安全等因素，也要考虑施工承包商自身条件和现场条件的限制。

（3）项目部应对影响工程的变更进行评审，确定对项目实施的影响，并采取措施。

（4）项目部应对变更进行审批，并保留评审、审批、授权更改人等记录。

（5）项目部应将变更分发到所有相关人员，防止作废文件的非预期使用。

第23章
工程总承包项目放行的控制

　　组织应在适当阶段实施策划的安排，以验证产品和服务的要求已得到满足。

　　组织除非得到有关授权人员的批准，适用时得到顾客的批准，否则在策划的安排以圆满完成之前，不应向顾客放行产品和交付服务。

　　组织应保留有关产品和服务放行的成文信息。成文信息包括：符合接收准则的证据和可追溯到授权放行人员信息。

23.1 引言

工程总承包项目部应按策划的安排组织对各阶段成果进行验证、确认、监视、检验、试验和验收，以验证过程及产品满足规定的要求，应保留检查验收和批准的记录。

23.2 工程总承包项目放行控制要求

23.2.1 工程总承包项目部负责组织项目各阶段成果的检查验收和批准，包括：

（1）设计文件的评审、验证和确认；

（2）设备的调试和试运行结果的确认；

（3）采购物资的检查、验收；

（4）隐蔽工程的检查验收；

（5）检验批、分项、分部（子分部）工程的验收；

（6）工程试运行和竣工验收等。

23.2.2 工程总承包项目部应按策划的安排组织对各阶段成果进行验证、确认、监视、检验、试验和验收，以验证过程及产品满足规定的要求，应保留检查验收和批准的记录。记录中应明确有权放行产品以交付给顾客的人员。

23.2.3 成果放行按照规定的权限执行除非得到有关授权人员的批准，适用时得到顾客的批准，且在符合法律法规前提下才可放行或转序，否则在策划的安排圆满完成之前，不应放行产品和交付服务。

23.2.4 工程总承包企业应建立实施工程质量检查验收管理制度，在项目实施的不同阶段组织对过程、中间产品和最终产品的质量进行监督检查。

23.3 项目竣工验收的管理

23.3.1 项目竣工验收阶段的工作包括竣工验收准备、竣工验收计划、竣工验收资料准备、竣工验收组织、竣工结算、竣工资料移交和办理交工手续。

23.3.2 项目经理应全面负责竣工验收的各项工作，组织做好竣工验收的准备。在内部验收合格的基础上向建设单位发出预约竣工验收的通知，说明拟交工项目的情况，商定有关竣工验收事宜。

23.3.3 项目竣工验收的依据应包括：

（1）初步验收工作报告、财务决算报告、交付使用财产清单；

（2）可研、初步设计批复及其他有关建设文件；

（3）审计部门出具的审计报告；

（4）质检机构出具的质检报告；

（5）环保、消防、劳动卫生、安全及档案机构分别出具的验收报告；

（6）勘察、设计、施工、监理及质检部门分别出具的相关报告；

（7）施工图、竣工图及设计技术说明书；

（8）招标投标及甲乙方主要合同文件；

（9）适用的法律法规，国家和行业的标准、规范，包括施工验收规范和质量验收标准；

（10）其他有关工程资料。

23.3.4 竣工验收的工程必须符合下列条件：

（1）合同约定的工程质量标准；

（2）单位工程质量竣工验收合格；

（3）单项工程达到使用条件或满足生产要求；

（4）建设项目能满足建成投入使用或生产的各项要求。

23.3.5 工程竣工报告完成后，项目经理应在规定的时间内组织项目部和各施工承包商完成竣工结算报告及完整的结算资料。

23.3.6 工程结算后，项目经理应组织项目部将竣工结算报告及其相关资料纳入工程竣工资料。工程总承包项目归档资料应按要求分类组卷，项目经理应检查各施工承包商提供资料的完备情况。竣工验收资料应在规定的期限内完成移交。

23.4 工程总承包项目放行控制过程的组织行为及管理重点

（1）应根据工程项目特点进行单位工程、分部、分项工程划分，工程划分应经审批，并报监理签认。应根据工程划分确定质量控制点及检验级别。

（2）应按规定的检验级别，对进场的原材料、设备、构配件进行进场检查验收，并保存记录，检验记录内容应完整并签署齐全。有复试要求的材料应按规定要求进行复验。

（3）现场应设置防范人为失误所必要的标识、警示标志、限位装置等。

（4）分部工程、单位工程验收、工程竣工验收应与工程同步，并保留授权责任人签署和批准的证据，相关资料齐全完整。

（5）现场应有为确保施工质量满足要求所必要的施工样板。

（6）应按规定对项目实施过程中形成的质量记录进行标识、收集、保存和归档。

（7）竣工验收的准备应充分、资料应完整，并与参建各方做好沟通、协调。

第24章
工程总承包项目不合格品控制

组织应确保对不符合要求的输出进行识别和控制，以防止非预期的使用或交付。

组织应根据不合格的性质及其对产品和服务符合性的影响采取适当措施。这也适用于在产品交付之后，以及在服务提供期间或之后发现的不合格产品或服务。

组织应通过下列一种或几种途径处置不合格输出：纠正；隔离、限制、退货或暂停对产品和服务的提供；告知顾客；获得让步接受的授权。对不合格输出进行纠正之后应验证其是否符合要求。

组织应保留下列成文信息：描述不合格；描述所采取的措施；描述获得的让步；识别处置不合格的授权。

24.1 引言

对于采购物资到货检验和试验，施工工序检验、试验，以及工程最终的检验和试验过程中，对照检验和试验标准判定检验结果，当发现不合格品时，应予以标识、隔离、评审和处置。

24.2 不合格输出的控制

工程总承包企业应制定不合格品管理制度，确保对不合格品进行识别和管理，以防止非预期的使用或交付。应根据不合格输出的性质及其对产品和服务的影响采取适当措施。包括在项目实施过程中和工程交付后发现的不合格。

24.3 不合格的识别

工程总承包项目的不合格输出包括：

（1）总承包过程中发生的不合格输出：

1）设计过程、制造过程和施工过程中发现的设计文件的不合格；

2）采购检验或验收时发现的不合格设备、材料、构配件；

3）施工过程检查验收和竣工验收过程发现的不合格；

4）施工资料不完整。

（2）总承包项目交付后发现的不合格。

24.4 不合格的处置

应通过下列一种或几种途径处置不合格：

（1）对设计文件中发现的不合格，按设计更改程序进行处理。

（2）对材料、设备检验过程中发现的不合格，可采用隔离、限制使用、返修、退货、换货、降级使用等方式进行处理。

（3）对施工验收过程中，以及在工程交付后发现的不合格，应按以下方式处置。

—— 应告知顾客，在法规和规范允许、顾客知情且不影响正常使用的情况下让步接收；

—— 标识：防止转入下道工序；

—— 返工、返修或加固处理，达到合格；

—— 经返工、返修或加固处理的分项、分部工程，重新进行验收。

（4）所有的不合格处置后应重新验证是否符合要求。

24.5 不合格的记录

对不合格处置后应保留以下记录：

（1）不合格品及性质的描述；

（2）对不合格品所采取的措施；

（3）适用时，授权人员所批准的让步及顾客批准的记录；

（4）处置不合格授权人员的签署、批准等。

24.6 不合格控制的改进

工程总承包企业应开展不合格输出控制的改进工作，包括：

（1）开展不合格输出经验教训的总结与知识的凝练，充实完善企业的知识库；

（2）对常见的不合格在统计分析的基础上查找深层次的原因及发展趋势，制定措施并监督实施防止再发生；

（3）向本企业内外部相关人员传达相关信息。

24.7 工程总承包项目不合格品控制过程的组织行为及管理重点

（1）项目部应明确不合格的处置方式。

（2）应明确不合格处置的流程和权限。

（3）不合格的处置应满足规定要求，不合格处置后应重新验证合格。

（4）应对不合格进行原因分析，必要时采取纠正措施。

（5）应保留不合格处置的记录，记录应完整。

第 5 篇　绩效评价

第25章

检查、改进和绩效评价

　　组织应通过监视、测量、分析和评价、内部审核以及管理评审活动对绩效进行评价，确定和选择改进机会，并采取必要措施，以满足客户要求和增强客户满意度。

25.1 引言

工程总承项目应明确检查的内容、范围和频次，应分阶段、多维度组织对项目实施的中间成果和最终成果实施检查。采取总结、统计分析、调查对标等方式，确定改进的需求，并实施改进，以不断增强客户满意度。

25.2 检查

25.2.1 项目策划阶段的检查

工程总承包企业生产管理部门应依据项目策划的有关规定，对工程总承包项目的策划过程和策划文件进行监督检查，重点检查策划的及时性、策划文件的适宜性、完整性，以及策划要求实施的有效性，确保策划过程和策划结果满足要求。

25.2.2 项目实施过程的监督检查

工程总承包企业生产部门应根据项目具体情况制定监督检查计划，根据项目特点及实施的不同阶段，确定检查内容和检查重点。

监督检查人员按照监督检查计划实施监督检查，监督检查结束后编制并下发监督检查报告。监督检查报告应包括检查内容、检查发现的问题及整改要求。应跟踪确认问题整改到位。

相关职能部门应按照与项目部签订的项目管理目标责任书，对项目部进行考核。

25.2.3 中间成果和最终成果的检查

工程总承包企业应建立设计成品质量检查和评定制度，对设计成果进行抽查或复查，及时发现设计文件存在的质量问题，减少对工程质量的影响。对检查结果进行评定和通报，减少同类设计错误的重复发生。

应在项目竣工验收前，组织相关设计人员参加工程的"三查四定"，对已完工程与设计要求的符合性进行检查。

项目部在项目竣工验收前组织施工分包单位"三查四定"，查找工程质量隐患并及时整改。

工程完工后，项目部应向建设单位提出竣工验收申请，并配合其组织的工程竣工验收。

发包方、监理、质量检查机构或政府主管部门对项目质量检查发现的问题，应组织相关施工分包单位或供应商进行整改或处理，保留相关记录。

项目实施过程中对检验批、分项、分部（子分部）工程的质量要求验收见23.2。

25.3 工程总承包项目检查过程的组织行为及管理重点

（1）项目策划的检查：

工程总承包企业生产管理部门应对工程总承包项目的策划进行检查，项目部应按照检查意见进行修改并做修改说明；

（2）项目实施过程的检查：

1）工程总承包企业业务主管部门和生产管理部门应编制工程总承包项目监督检查计划；

2）监督检查计划应明确检查内容、重点；

3）应确定工程总承包项目的监督检查的职能分工；

4）应配置工程总承包项目监督检查人员，确定监督检查人员的资格、能力要求；

5）应按计划的安排实施项目监督检查；

6）应编制项目监督检查报告；

7）对问题的整改结果进行跟踪；

8）工程总承包生产部门应对照项目管理目标责任书，对项目部进行考核。

（3）中间成果和最终成果的检查：

1）工程总承包企业应建立设计成品质量检查和评定制度；

2）应按制度开展设计成果质量抽查或复查并保留记录，抽查结果进行通报，查出的问题应确认整改；

3）应组织设计人员参加工程竣工验收前的"三查四定"并保留记录，项目部应组织施工分包单位"三查四定"并保留记录；

4）发包方、监理、质量检查机构或政府主管部门对项目质量检查发现的问题，应组织相关施工分包单位或供应商进行整改或处理，保留相关记录。

25.4 改进

25.4.1 工程总承包业务的改进需求

工程总承包企业应建立工程总承包业务的改进机制，采取总结、统计、分析、调查、对标等方式，确定改进的需求，并实施改进。

改进需求的信息可来自以下方面：

（1）收集、整理各层面、各类检查发现的工程总承包项目管理的典型问题，进行归类、统计和原因分析，确定需改进的内容；

（2）收集工程总承包项目发生的各类采购、施工质量不合格、质量事故、事件，进行原因分析，确定改进需求；

（3）在项目实施过程中通过与外部相关方沟通，收集与项目管理有关的意见和建议，确定改进的需求；

（4）通过工程项目回访、顾客意见调查收集顾客或相关方的意见，进行统计分析，确定改进的需求；

（5）通过调研、交流、学习，或开展同行业先进企业对标，查找本企业工程总承包管理的差距，确定改进的需求；

（6）通过工程总承包项目总结，对项目运行管理中的经验、创新点予以总结和积累，对出现的问题或教训认真分析原因，确定改进的需求；

（7）对合同履行情况进行总结和评价，查找问题，确定改进需求。

25.4.2 确定质量改进措施

（1）对设计成果质量抽查或复查发现问题、设计文件外部审查、设计回访、设计原因导致的设计变更等设计质量问题进行统计、分类，分析原因，确定改措施；

（2）对工程总承包项目质量事故、事件的调查分析，确定原因，制定改进措施；

（3）对工程总承包项目施工过程中和验收过程中发现的质量不合格进行原因分析，确定改进的措施；

（4）对采购的设备、材料、构配件在进厂检验或安装、使用后发现的不合格品进行统计分析，确定改进措施；

（5）在工程保修期内收集发生的保修事项，分析故障原因，确定改进措施。

25.4.3 实施改进

工程总承包企业应根据确定的改进内容制定有针对性的改进措施，确保改进措施的实施能够实现改进的效果。改进措施包括但不限于：

（1）改进管理方法；

（2）采取措施提高管理人员、技术人员的能力、水平；

（3）调整或增加项目资源配置（人员、软件、标准规范、作业指导文件、测量设备等）；

（4）完善管理体系、项目管理制度、管理流程、管理界面、技术和管理接口等；

（5）改进知识管理程序；编制设计模板、标准化设计等；

（6）必要时，可考虑业务的调整。

应实施确定的改进措施，并验证措施的有效性和实施效果。

25.5 工程总承包业务改进过程的组织行为及管理重点

（1）工程总承包业务的改进需求：

1）工程总承包企业应建立项目质量信息管理流程，开展质量信息的收集、反馈、统计、分析，确定改进需求。应开展多种形式、多渠道的改进信息收集，项目的质量信息应及时反馈本企业项目管理部门和质量管理部门。

2）应收集项目实施过程中相关方的意见或建议。

3）应开展项目回访、顾客满意度调查，收集整理和分析相关方的意见或建议。

4）应通过调研、交流、学习，或开展同行业先进企业对标，查找本企业工程总承包管理的差距。

5）应进行项目总结，总结项目管理的经验、教训，为后续项目管理的改进提供有用的信息。

6）项目竣工后，项目部应对合同履行情况进行总结和评价。

（2）确定质量改进措施：

1）应对设计成果抽查或复查、设计文件外部审查、设计回访、设计原因导致的设计变更等设计质量问题进行统计、分类、分析原因和确定改进措施，设计经理应组织编制设计完工报告，将项目设计的经验与教训纳入本企业的知识库。

2）应对工程总承包项目的质量事故、事件进行调查和分析原因，制定改进措施。

3）应对工程总承包项目施工或验收过程发现的质量不合格等质量信息组织原因分析，确定改进措施。

4）应对采购的设备、材料、构配件在进厂检验或安装、使用后发现的不合格品进行统计分析，确定改进措施。

5）对工程保修期内发生的保修事项，应进行故障分析，确定改进措施。

（3）实施改进：

1）针对收集的质量信息进行归类、统计分析，制定有针对性的改进措施。

2）应对改进措施的实施效果进行跟踪，验证达到预期效果。将改进措施及改进结果进行提炼，充实完善本企业的知识库。

25.6 绩效评价

25.6.1 工程总承包业务的经营绩效评价

工程总承包企业应通过以下方面的内容，评价工程总承包业务的经营绩效：

（1）工程总承包业务年度经营目标的制定及完成情况；

（2）制定和完成的年度经营指标应适应企业中长期发展规划的目标；

（3）一年来，工程总承包业务新市场的开辟情况，总承包业务的增长情况；

（4）一年来，工程总承包业务的中标率增长情况；

（5）工程总承包业务人均产值指标增长情况；

（6）工程总承包业务的盈利能力、利润率指标在同行中所处的位置。

针对上述绩效指标与竞争对手、同行标杆企业进行对比分析，找出优势、劣势和差距。

25.6.2 工程总承包业务的管理绩效评价

工程总承包企业应通过以下方面的内容，评价工程总承包业务的管理绩效：

（1）本企业项目管理体系、绩效考核体系、激励机制、人才培养机制等对工程总承包业务发展的支撑作用；

（2）工程总承包项目获得的相关方的赞扬、表扬，以及获得的优质工程奖、鲁班奖、专利，或其他奖项；

（3）工程总承包项目应用新材料、新设备、新工艺、新技术成果的情况；

（4）管理人员队伍建设、人员培养等方面取得的成效；

（5）通过学习、培训、项目管理实践，培养工程总承包管理的高素质人才的情况；

（6）对项目管理体系、管理流程的改进情况；

（7）工程总承包业务的外部评价情况。

25.6.3　工程总承包项目的绩效

工程总承包企业对已完成的工程总承包项目，可通过以下方面评价项目的绩效：

（1）项目管理目标责任书的完成情况；

（2）项目绩效指标的完成情况；

（3）项目知识管理取得的成效；

（4）项目风险控制的效果；

（5）项目进度控制、费用控制的效果；

（6）工程质量状况：工程竣工验收、试运行、开车及性能考核的情况；

（7）对分包方实施控制的效果：分包方重复发现同类问题的情况、分包方问题整改的及时性、效果等；

（8）项目实施过程中是否发生质量、职业健康、安全和环境事故的情况；

（9）保修责任期内出现故障的情况；

（10）项目资料的完整性及整理归档的及时性；

（11）发包方或监理单位对项目部的评价。

25.7　绩效评价过程的组织行为及管理重点

（1）工程总承包业务的经营绩效评价：

1）工程总承包业务应完成年度经营指标。

2）年度经营指标应能支撑本企业中长期发展规划目标。

3）有开辟新的总包业务市场，或承接大型工程总承包项目的业绩。

4）与上年相比中标率有增长。

5）与上年相比人均产值指标实现增长。

6）利润率指标实现增长。

7）针对上述绩效指标与竞争对手、同行标杆企业进行对比分析，找出优势、劣势和差距。

（2）工程总承包业务的管理绩效：

1）企业应有完善、系统的工程总承包管理体系、项目管理体系、绩效考核体系、激励机制、人才培养机制等对工程总承包业务发展有明显的支撑作用。

2）近三年来工程总承包业务获得了优质工程奖、鲁班奖、专利或其他省部级以上奖项。

3）一年来工程总承包项目有新材料、新设备、新工艺、新技术成果的应用。

4）对工程总承包人力资源状况进行分析，制定工程总承包人力资源配置计划。工程总承包人力资源能满足工程总承包业务发展需求。建立了工程总承包管理骨干队伍，有明确的人才培养目标。

5）针对工程总承包项目的运行，分析确定管理体系、管理流程的改进需求，并实施改进。

6）未发生业主的投诉、上级检查发现不良记录、通报批评等。

（3）工程总承包项目的绩效：

1）已经完成的典型总承包项目：

项目目标责任书规定的项目管理目标全部完成。

项目的绩效指标全部完成。

完成的项目进行了系统的总结，提炼项目管理的经验，将其转换为本企业可分享、可利用的知识。

工程总承包项目未出现一次验收未通过的情况。

项目实施过程中未发生质量、职业健康、安全和环境事故。

保修责任期内，未出现由于工程质量问题导致较大的设备故障、操作或运行故障。

需要归档的项目资料完整，无缺项。

2）正在实施的工程总承包项目评价：

各层级、各类检查未出现重复率高的问题，分包方问题整改及时、效果好。

项目风险管理计划在项目中得到了有效实施，实际发生的风险事项按预定的风险处理流程和应对措施实施。

项目进度控制、费用控制的效果实现了计划的目标。

发包方或监理单位未对项目部提出反面的评价意见，未发生相关方投诉。

附录

中华人民共和国国家标准

建设项目工程总承包管理规范

Code for management of engineering
procurement construction（EPC）projects

GB/T 50358—2017

主编部门：中华人民共和国住房和城乡建设部
批准部门：中华人民共和国住房和城乡建设部
施行日期：2018 年 1 月 1 日

中国建筑工业出版社

2017　北　京

中华人民共和国住房和城乡建设部
公　告

第 1535 号

住房城乡建设部关于发布国家标准
《建设项目工程总承包管理规范》的公告

现批准《建设项目工程总承包管理规范》为国家标准，编号为 GB/T 50358—2017，自 2018 年 1 月 1 日起实施。原国家标准《建设项目工程总承包管理规范》GB/T 50358－2005 同时废止。

本规范由我部标准定额研究所组织中国建筑工业出版社出版发行。

中华人民共和国住房和城乡建设部

2017 年 5 月 4 日

前　言

　　根据住房和城乡建设部《关于印发〈2014 年工程建设标准规范制订、修订计划〉的通知》(建标[2013]169 号)的要求，规范编制组经广泛调查研究，认真总结实践经验，参考有关国际标准和国外先进标准，并在广泛征求意见的基础上，编制了本规范。

　　本规范的主要技术内容是：1. 总则；2. 术语；3. 工程总承包管理的组织；4. 项目策划；5. 项目设计管理；6. 项目采购管理；7. 项目施工管理；8. 项目试运行管理；9. 项目风险管理；10. 项目进度管理；11. 项目质量管理；12. 项目费用管理；13. 项目安全、职业健康与环境管理；14. 项目资源管理；15. 项目沟通与信息管理；16. 项目合同管理；17. 项目收尾。

　　本规范修订的主要技术内容是：1. 删除了原规范"工程总承包管理内容与程序"一章，其内容并入相关章节条文说明；2. 新增加了"项目风险管理"、"项目收尾"两章；3. 将原规范相关章节的变更管理统一归集到项目合同管理一章。

　　本规范由住房和城乡建设部负责管理，由中国勘察设计协会负责具体技术内容的解释。执行过程中如有意见或建议，请寄送中国勘察设计协会（地址：北京市朝阳区安立路 60 号润枫德尚 A 座 13 层，邮政编码：100101）。

　　本 规 范 主 编 单 位：中国勘察设计协会
　　本 规 范 参 编 单 位：中国寰球工程有限公司
　　　　　　　　　　　　　中国石化工程建设有限公司
　　　　　　　　　　　　　中冶京诚工程技术有限公司
　　　　　　　　　　　　　中国天辰工程有限公司
　　　　　　　　　　　　　中国石油天然气管道工程有限公司
　　　　　　　　　　　　　中国成达工程有限公司
　　　　　　　　　　　　　中国海诚工程科技股份有限公司
　　　　　　　　　　　　　中冶赛迪工程技术股份有限公司
　　　　　　　　　　　　　华北电力设计院工程有限公司
　　　　　　　　　　　　　天津大学
　　　　　　　　　　　　　同济大学
　　　　　　　　　　　　　中国联合工程公司
　　　　　　　　　　　　　中国恩菲工程技术有限公司
　　　　　　　　　　　　　中铁第四勘察设计院集团有限公司
　　　　　　　　　　　　　中国石油工程建设公司
　　　　　　　　　　　　　中国电子工程设计院

　　　　　　　　　　　　大地工程开发（集团）有限公司
　　　　　　　　　　　　中国建筑股份有限公司
　　　　　　　　　　　　北京城建集团有限责任公司

本规范主要起草人员：荣世立　李　森　张秀东　曹　钢
　　　　　　　　　　　王春光　李超建　李　健　齐福海
　　　　　　　　　　　马云杰　周可为　张　志　张水波
　　　　　　　　　　　乐　云　闻振华　王国九　周全能
　　　　　　　　　　　王　瑞　姜玉勤　刁心钦　李　君
　　　　　　　　　　　孙复斌　陈勇华　李宝丹　戚晓曦

本规范主要审查人员：徐赤农　李智高　袁宗喜　夏　吴
　　　　　　　　　　　王　琳　尤　完　贾宏俊　徐文刚
　　　　　　　　　　　朱晓泉　张卫国　万网胜　沈怀国
　　　　　　　　　　　康世卿

目　　次

Contents

1 总　　则

1.0.1 为提高建设项目工程总承包管理水平，促进建设项目工程总承包管理的规范化，推进建设项目工程总承包管理与国际接轨，制定本规范。

1.0.2 本规范适用于工程总承包企业和项目组织对建设项目的设计、采购、施工和试运行全过程的管理。

1.0.3 建设项目工程总承包管理除应符合本规范外，尚应符合国家现行有关标准的规定。

2 术　　语

2.0.1 工程总承包　engineering procurement construction（EPC）contracting/design-build contracting

依据合同约定对建设项目的设计、采购、施工和试运行实行全过程或若干阶段的承包。

2.0.2 项目部　project management team

在工程总承包企业法定代表人授权和支持下，为实现项目目标，由项目经理组建并领导的项目管理组织。

2.0.3 项目管理　project management

在项目实施过程中对项目的各方面进行策划、组织、监测和控制，并把项目管理知识、技能、工具和技术应用于项目活动中，以达到项目目标的全部活动。

2.0.4 项目管理体系　project management system

为实现项目目标，保证项目管理质量而建立的，由项目管理各要素组成的有机整体。通常包括组织机构、职责、资源、过程、程序和方法。项目管理体系应形成文件。

2.0.5 项目启动　project initiating

正式批准一个项目成立并委托实施的活动。由工程总承包企业在合同条件下任命项目经理、组建项目部。

2.0.6 项目管理计划　project management plan

项目管理计划是一个全面集成、综合协调项目各方面的影响和要求的整体计划，是指导整个项目实施和管理的依据。

2.0.7 项目实施计划　project execution plan

依据合同和经批准的项目管理计划进行编制并用于对项目实施进行管理和控制的文件。

2.0.8 赢得值　earned value

已完工作的预算费用（budgeted cost for work performed），用以度量项目进展完成状态的尺度。赢得值具有反映进度和费用的双重特性。

2.0.9 项目实施　project executing

执行项目计划的过程。项目预算的绝大部分将在执行本过程中消耗，并逐渐形成项目产品。

2.0.10 项目控制　project control

通过定期测量和监控项目进展情况，确定实际值与计划基准值的偏差，并采取适当的纠正措施，确保项目目标的实现。

2.0.11 项目收尾 project close-out

项目被正式接收并达到有序的结束。项目收尾包括合同收尾和项目管理收尾。

2.0.12 设计 engineering

将项目发包人要求转化为项目产品描述的过程。即按合同要求编制建设项目设计文件的过程。

2.0.13 采购 procurement

为完成项目而从执行组织外部获取设备、材料和服务的过程。包括采买、催交、检验和运输的过程。

2.0.14 施工 construction

把设计文件转化为项目产品的过程，包括建筑、安装、竣工试验等作业。

2.0.15 试运行 commissioning

依据合同约定，在工程完成竣工试验后，由项目发包人或项目承包人组织进行的包括合同目标考核验收在内的全部试验。

2.0.16 项目范围管理 project scope management

对合同中约定的项目工作范围进行的定义、计划、控制和变更等活动。

2.0.17 项目进度控制 project schedule control

根据进度计划，对进度及其偏差进行测量、分析和预测，必要时采取纠正措施或进行进度计划变更的管理。

2.0.18 项目费用管理 project cost management

保证项目在批准的预算内完成所需的过程。它主要涉及资源计划、费用估算、费用预算和费用控制等。

2.0.19 项目费用控制 project cost control

以费用预算计划为基准，对费用及其偏差进行测量、分析和预测，必要时采取纠正措施或进行费用预算（基准）计划变更管理。

2.0.20 项目质量计划 project quality plan

依据合同约定的质量标准，提出如何满足这些标准，并由谁及何时应使用哪些程序和相关资源。

2.0.21 项目质量控制 project quality control

为使项目的产品质量符合要求，在项目的实施过程中，对项目质量的实际情况进行监督，判断其是否符合相关的质量标准，并分析产生质量问题的原因，从而制定出相应的措施，确保项目质量持续改进。

2.0.22 项目人力资源管理 project human resource management

通过组织策划、人员获得、团队开发等过程，使参加项目的人员能够被最有效地使用。

2.0.23 项目信息管理 project information management

对项目信息的收集、整理、分析、处理、存储、传递与使用等活动。

2.0.24 项目风险 project risk

由于项目所处的环境和条件的不确定性以及受项目干系人主观上不能准确预见或控制等因素的影响，使项目的最终结果与项目干系人的期望产生偏离，并给项目干系人带来损失的可能性。

2.0.25 项目风险管理 project risk management

对项目风险进行识别、分析、应对和监控的过程。包括把正面事件的影响概率扩展到最大，把负面事件的影响概率减少到最小。

2.0.26 项目安全管理 project safety management

对项目实施全过程的安全因素进行管理。包括制定安全方针和目标，对项目实施过程中与人、物和环境安全有关的因素进行策划和控制。

2.0.27 项目职业健康管理 project occupational health management

对项目实施全过程的职业健康因素进行管理。包括制定职业健康方针和目标，对项目的职业健康进行策划和控制。

2.0.28 项目环境管理 project environmental management

在项目实施过程中，对可能造成环境影响的因素进行分析、预测和评价，提出预防或减轻不良环境影响的对策和措施，并进行跟踪和监测。

2.0.29 工程总承包合同 EPC contract

项目承包人与项目发包人签订的对建设项目的设计、采购、施工和试运行实行全过程或若干阶段承包的合同。

2.0.30 采购合同 procurement contract

项目承包人与供应商签订的供货合同。采购合同可称为采买订单。

2.0.31 分包合同 subcontract

项目承包人与项目分包人签订的合同。

2.0.32 缺陷责任期 defects notification period

从合同约定的交工日期算起，项目发包人有权通知项目承包人修复工程存在缺陷的期限。

2.0.33 保修期 maintenance period

项目承包人依据合同约定，对产品因质量问题而出现的故障提供免费维修及保养的时间段。

3 工程总承包管理的组织

3.1 一 般 规 定

3.1.1 工程总承包企业应建立与工程总承包项目相适应的项目管理组织，并行使项目管理职能，实行项目经理负责制。

3.1.2 工程总承包企业宜采用项目管理目标责任书的形式，并明确项目目标和项目经理的职责、权限和利益。

3.1.3 项目经理应根据工程总承包企业法定代表人授权的范围、时间和项目管理目标责任书中规定的内容，对工程总承包项目，自项目启动至项目收尾，实行全过程管理。

3.1.4 工程总承包企业承担建设项目工程总承包，宜采用矩阵式管理。项目部应由项目经理领导，并接受工程总承包企业职能部门指导、监督、检查和考核。

3.1.5 项目部在项目收尾完成后应由工程总承包企业批准解散。

3.2 任命项目经理和组建项目部

3.2.1 工程总承包企业应在工程总承包合同生效后，任命项目经理，并由工程总承包企业法定代表人签发书面授权委托书。

3.2.2 项目部的设立应包括下列主要内容：

1 根据工程总承包企业管理规定，结合项目特点，确定组织形式，组建项目部，确定项目部的职能；

2 根据工程总承包合同和企业有关管理规定，确定项目部的管理范围和任务；

3 确定项目部的组成人员、职责和权限；

4 工程总承包企业与项目经理签订项目管理目标责任书。

3.2.3 项目部的人员配置和管理规定应满足工程总承包项目管理的需要。

3.3 项目部职能

3.3.1 项目部应具有工程总承包项目组织实施和控制职能。

3.3.2 项目部应对项目质量、安全、费用、进度、职业健康和环境保护目标负责。

3.3.3 项目部应具有内外部沟通协调管理职能。

3.4 项目部岗位设置及管理

3.4.1 根据工程总承包合同范围和工程总承包企业的有关管理规定，项目部可在项目经理以下设置控制经理、设计经理、采购经理、施工经理、试运行经理、财务经理、质量经理、安全经理、商务经理、行政经理等职能经理和进度控制工程师、质量工程师、安全工程师、合同管理工程师、费用估算师、费用控制工程师、材料控制工程师、信息管理工程师和文件管理控制工程师等管理岗位。根据项目具体情况，相关岗位可进行调整。

3.4.2 项目部应明确所设置岗位职责。

3.5 项目经理能力要求

3.5.1 工程总承包企业应明确项目经理的能力要求，确认项目经理任职资格，并进行管理。

3.5.2 工程总承包项目经理应具备下列条件：

1 取得工程建设类注册执业资格或高级专业技术职称；

2 具备决策、组织、领导和沟通能力，能正确处理和协调与项目发包人、项目相关方之间及企业内部各专业、各部门之间的关系；

3 具有工程总承包项目管理及相关的经济、法律法规和标准化知识；

4 具有类似项目的管理经验；

5 具有良好的信誉。

3.6 项目经理的职责和权限

3.6.1 项目经理应履行下列职责：

1 执行工程总承包企业的管理制度，维护企业的合法权益；

2 代表企业组织实施工程总承包项目管理，对实现合同约定的项目目标负责；

3 完成项目管理目标责任书规定的任务；

4 在授权范围内负责与项目干系人的协调，解决项目实施中出现的问题；

5 对项目实施全过程进行策划、组织、协调和控制；

6 负责组织项目的管理收尾和合同收尾工作。

3.6.2 项目经理应具有下列权限：

1 经授权组建项目部，提出项目部的组织机构，选用项目部成员，确定岗位人员职责；

2 在授权范围内，行使相应的管理权，履行相应的职责；

3 在合同范围内，按规定程序使用工程总承包企业的相关资源；

4 批准发布项目管理程序；

5 协调和处理与项目有关的内外部事项。

3.6.3 项目管理目标责任书宜包括下列主要内容：

1 规定项目质量、安全、费用、进度、职业健康和环境保护目标等；

2　明确项目经理的责任、权限和利益；

3　明确项目所需资源及工程总承包企业为项目提供的资源条件；

4　项目管理目标评价的原则、内容和方法；

5　工程总承包企业对项目部人员进行奖惩的依据、标准和规定；

6　项目经理解职和项目部解散的条件及方式；

7　在工程总承包企业制度规定以外的、由企业法定代表人向项目经理委托的事项。

4 项 目 策 划

4.1 一 般 规 定

4.1.1 项目部应在项目初始阶段开展项目策划工作，并编制项目管理计划和项目实施计划。

4.1.2 项目策划应结合项目特点，根据合同和工程总承包企业管理的要求，明确项目目标和工作范围，分析项目风险以及采取的应对措施，确定项目各项管理原则、措施和进程。

4.1.3 项目策划的范围宜涵盖项目活动的全过程所涉及的全要素。

4.1.4 根据项目的规模和特点，可将项目管理计划和项目实施计划合并编制为项目计划。

4.2 策 划 内 容

4.2.1 项目策划应满足合同要求。同时应符合工程所在地对社会环境、依托条件、项目干系人需求以及项目对技术、质量、安全、费用、进度、职业健康、环境保护、相关政策和法律法规等方面的要求。

4.2.2 项目策划应包括下列主要内容：

    1 明确项目策划原则；

    2 明确项目技术、质量、安全、费用、进度、职业健康和环境保护等目标，并制定相关管理程序；

    3 确定项目的管理模式、组织机构和职责分工；

    4 制定资源配置计划；

    5 制定项目协调程序；

    6 制定风险管理计划；

    7 制定分包计划。

4.3 项目管理计划

4.3.1 项目管理计划应由项目经理组织编制，并由工程总承包企业相关负责人审批。

4.3.2 项目管理计划编制的主要依据应包括下列主要内容：

    1 项目合同；

2 项目发包人和其他项目干系人的要求；

3 项目情况和实施条件；

4 项目发包人提供的信息和资料；

5 相关市场信息；

6 工程总承包企业管理层的总体要求。

4.3.3 项目管理计划应包括下列主要内容：

1 项目概况；

2 项目范围；

3 项目管理目标；

4 项目实施条件分析；

5 项目的管理模式、组织机构和职责分工；

6 项目实施的基本原则；

7 项目协调程序；

8 项目的资源配置计划；

9 项目风险分析与对策；

10 合同管理。

4.4 项目实施计划

4.4.1 项目实施计划应由项目经理组织编制，并经项目发包人认可。

4.4.2 项目实施计划的编制依据应包括下列主要内容：

1 批准后的项目管理计划；

2 项目管理目标责任书；

3 项目的基础资料。

4.4.3 项目实施计划应包括下列主要内容：

1 概述；

2 总体实施方案；

3 项目实施要点；

4 项目初步进度计划等。

4.4.4 项目实施计划的管理应符合下列规定：

1 项目实施计划应由项目经理签署，并经项目发包人认可；

2 项目发包人对项目实施计划提出异议时，经协商后可由项目经理主持修改；

3 项目部应对项目实施计划的执行情况进行动态监控；

4 项目结束后，项目部应对项目实施计划的编制和执行进行分析和评价，并把相关活动结果的证据整理归档。

5 项目设计管理

5.1 一般规定

5.1.1 工程总承包项目的设计应由具备相应设计资质和能力的企业承担。

5.1.2 设计应满足合同约定的技术性能、质量标准和工程的可施工性、可操作性及可维修性的要求。

5.1.3 设计管理应由设计经理负责，并适时组建项目设计组。在项目实施过程中，设计经理应接受项目经理和工程总承包企业设计管理部门的管理。

5.1.4 工程总承包项目应将采购纳入设计程序。设计组应负责请购文件的编制、报价技术评审和技术谈判、供应商图纸资料的审查和确认等工作。

5.2 设计执行计划

5.2.1 设计执行计划应由设计经理或项目经理负责组织编制，经工程总承包企业有关职能部门评审后，由项目经理批准实施。

5.2.2 设计执行计划编制的依据应包括下列主要内容：

  1 合同文件；

  2 本项目的有关批准文件；

  3 项目计划；

  4 项目的具体特性；

  5 国家或行业的有关规定和要求；

  6 工程总承包企业管理体系的有关要求。

5.2.3 设计执行计划宜包括下列主要内容：

  1 设计依据；

  2 设计范围；

  3 设计的原则和要求；

  4 组织机构及职责分工；

  5 适用的标准规范清单；

  6 质量保证程序和要求；

  7 进度计划和主要控制点；

  8 技术经济要求；

  9 安全、职业健康和环境保护要求；

10 与采购、施工和试运行的接口关系及要求。

5.2.4 设计执行计划应满足合同约定的质量目标和要求，同时应符合工程总承包企业的质量管理体系要求。

5.2.5 设计执行计划应明确项目费用控制指标、设计人工时指标，并宜建立项目设计执行效果测量基准。

5.2.6 设计进度计划应符合项目总进度计划的要求，满足设计工作的内部逻辑关系及资源分配、外部约束等条件，与工程勘察、采购、施工和试运行的进度协调一致。

5.3 设 计 实 施

5.3.1 设计组应执行已批准的设计执行计划，满足计划控制目标的要求。

5.3.2 设计经理应组织对设计基础数据和资料进行检查和验证。

5.3.3 设计组应按项目协调程序，对设计进行协调管理，并按工程总承包企业有关专业条件管理规定，协调和控制各专业之间的接口关系。

5.3.4 设计组应按项目设计评审程序和计划进行设计评审，并保存评审活动结果的证据。

5.3.5 设计组应按设计执行计划与采购和施工等进行有序的衔接并处理好接口关系。

5.3.6 初步设计文件应满足主要设备、材料订货和编制施工图设计文件的需要；施工图设计文件应满足设备、材料采购，非标准设备制作和施工以及试运行的需要。

5.3.7 设计选用的设备、材料，应在设计文件中注明其规格、型号、性能、数量等技术指标，其质量要求应符合合同要求和国家现行相关标准的有关规定。

5.3.8 在施工前，项目部应组织设计交底或培训。

5.3.9 设计组应依据合同约定，承担施工和试运行阶段的技术支持和服务。

5.4 设 计 控 制

5.4.1 设计经理应组织检查设计执行计划的执行情况，分析进度偏差，制定有效措施。设计进度的控制点应包括下列主要内容：

1 设计各专业间的条件关系及其进度；

2 初步设计完成和提交时间；

3 关键设备和材料请购文件的提交时间；

4 设计组收到设备、材料供应商最终技术资料的时间；

5 进度关键线路上的设计文件提交时间；

6 施工图设计完成和提交时间；

7 设计工作结束时间。

5.4.2 设计质量应按项目质量管理体系要求进行控制，制定控制措施。设计经理及各专业负责人应填写规定的质量记录，并向工程总承包企业职能部门反馈项目设计质量信息。设计质量控制点应包括下列主要内容：

    1 设计人员资格的管理；

    2 设计输入的控制；

    3 设计策划的控制；

    4 设计技术方案的评审；

    5 设计文件的校审与会签；

    6 设计输出的控制；

    7 设计确认的控制；

    8 设计变更的控制；

    9 设计技术支持和服务的控制。

5.4.3 设计组应按合同变更程序进行设计变更管理。

5.4.4 设计变更应对技术、质量、安全和材料数量等提出要求。

5.4.5 设计组应按设备、材料控制程序，统计设备、材料数量，并提出请购文件。请购文件应包括下列主要内容：

    1 请购单；

    2 设备材料规格书和数据表；

    3 设计图纸；

    4 适用的标准规范；

    5 其他有关的资料和文件。

5.4.6 设计经理及各专业负责人应配合控制人员进行设计费用进度综合检测和趋势预测，分析偏差原因，提出纠正措施。

5.5　设　计　收　尾

5.5.1 设计经理及各专业负责人应根据设计执行计划的要求，除应按合同要求提交设计文件外，尚应完成为关闭合同所需要的相关文件。

5.5.2 设计经理及各专业负责人应根据项目文件管理规定，收集、整理设计图纸、资料和有关记录，组织编制项目设计文件总目录并存档。

5.5.3 设计经理应组织编制设计完工报告，并参与项目完工报告的编制工作，将项目设计的经验与教训反馈给工程总承包企业有关职能部门。

6 项目采购管理

6.1 一 般 规 定

6.1.1 项目采购管理应由采购经理负责，并适时组建项目采购组。在项目实施过程中，采购经理应接受项目经理和工程总承包企业采购管理部门的管理。

6.1.2 采购工作应按项目的技术、质量、安全、进度和费用要求，获得所需的设备、材料及有关服务。

6.1.3 工程总承包企业宜对供应商进行资格预审。

6.2 采购工作程序

6.2.1 采购工作应按下列程序实施：

  1 根据项目采购策划，编制项目采购执行计划；

  2 采买；

  3 对所订购的设备、材料及其图纸、资料进行催交；

  4 依据合同约定进行检验；

  5 运输与交付；

  6 仓储管理；

  7 现场服务管理；

  8 采购收尾。

6.2.2 采购组可根据采购工作的需要对采购工作程序及其内容进行调整，并应符合项目合同要求。

6.3 采购执行计划

6.3.1 采购执行计划应由采购经理负责组织编制，并经项目经理批准后实施。

6.3.2 采购执行计划编制的依据应包括下列主要内容：

  1 项目合同；

  2 项目管理计划和项目实施计划；

  3 项目进度计划；

  4 工程总承包企业有关采购管理程序和规定。

6.3.3 采购执行计划应包括下列主要内容：

1 编制依据；

2 项目概况；

3 采购原则包括标包划分策略及管理原则，技术、质量、安全、费用和进度控制原则，设备、材料分交原则等；

4 采购工作范围和内容；

5 采购岗位设置及其主要职责；

6 采购进度的主要控制目标和要求，长周期设备和特殊材料专项采购执行计划；

7 催交、检验、运输和材料控制计划；

8 采购费用控制的主要目标、要求和措施；

9 采购质量控制的主要目标、要求和措施；

10 采购协调程序；

11 特殊采购事项的处理原则；

12 现场采购管理要求。

6.3.4 采购组应按采购执行计划开展工作。采购经理应对采购执行计划的实施进行管理和监控。

6.4 采 买

6.4.1 采买工作应包括接收请购文件、确定采买方式、实施采买和签订采购合同或订单等内容。

6.4.2 采购组应按批准的请购文件组织采买。

6.4.3 项目合格供应商应同时符合下列基本条件：

1 满足相应的资质要求；

2 有能力满足产品设计技术要求；

3 有能力满足产品质量要求；

4 符合质量、职业健康安全和环境管理体系要求；

5 有良好的信誉和财务状况；

6 有能力保证按合同要求准时交货；

7 有良好的售后服务体系。

6.4.4 采买工程师应根据采购执行计划确定的采买方式实施采买。

6.4.5 根据工程总承包企业授权，可由项目经理或采购经理按规定与供应商签订采购合同或订单。采购合同或订单应完整、准确、严密、合法，宜包括下列主要内容：

1 采购合同或订单正文及其附件；

2 技术要求及其补充文件；

3 报价文件；

4 会议纪要；

5 涉及商务和技术内容变更所形成的书面文件。

6.5　催交与检验

6.5.1　采购经理应组织相关人员，根据设备、材料的重要性划分催交与检验等级，确定催交与检验方式和频度，制定催交与检验计划并组织实施。

6.5.2　催交方式应包括驻厂催交、办公室催交和会议催交等。

6.5.3　催交工作宜包括下列主要内容：

1　熟悉采购合同及附件；

2　根据设备、材料的催交等级，制定催交计划，明确主要检查内容和控制点；

3　要求供应商按时提供制造进度计划，并定期提供进度报告；

4　检查设备和材料制造、供应商提交图纸和资料的进度符合采购合同要求；

5　督促供应商按计划提交有效的图纸和资料供设计审查和确认，并确保经确认的图纸、资料按时返回供应商；

6　检查运输计划和货运文件的准备情况，催交合同约定的最终资料；

7　按规定编制催交状态报告。

6.5.4　依据采购合同约定，采购组应按检验计划，组织具备相应资格的检验人员，根据设计文件和标准规范的要求确定其检验方式，并进行设备、材料制造过程中以及出厂前的检验。重要、关键设备应驻厂监造。

6.5.5　对于有特殊要求的设备、材料，可与有相应资格和能力的第三方检验单位签订检验合同，委托其进行检验。采购组检验人员应依据合同约定对第三方的检验工作实施监督和控制。合同有约定时，应安排项目发包人参加相关的检验。

6.5.6　检验人员应按规定编制驻厂监造及出厂检验报告。检验报告宜包括下列主要内容：

1　合同号、受检设备、材料的名称、规格和数量；

2　供应商的名称、检验场所和起止时间；

3　各方参加人员；

4　供应商使用的检验、测量和试验设备的控制状态并应附有关记录；

5　检验记录；

6　供应商出具的质量检验报告；

7　检验结论。

6.6　运输与交付

6.6.1　采购组应依据采购合同约定的交货条件制定设备、材料运输计划并实施。计划内容宜包括运输前的准备工作、运输时间、运输方式、运输路线、人员安排和费用计划等。

6.6.2　采购组应依据采购合同约定，对包装和运输过程进行监督管理。

6.6.3 对超限和有特殊要求设备的运输，采购组应制定专项运输方案，可委托专门运输机构承担。

6.6.4 对国际运输，应依据采购合同约定、国际公约和惯例进行，做好办理报关、商检及保险等手续。

6.6.5 采购组应落实接货条件，编制卸货方案，做好现场接货工作。

6.6.6 设备、材料运至指定地点后，接收人员应对照送货单清点、签收、注明设备和材料到货状态及其完整性，并填写接收报告并归档。

6.7 采购变更管理

6.7.1 项目部应按合同变更程序进行采购变更管理。

6.7.2 根据合同变更的内容和对采购的要求，采购组应预测相关费用和进度，并应配合项目部实施和控制。

6.8 仓 储 管 理

6.8.1 项目部应在施工现场设置仓储管理人员，负责仓储管理工作。

6.8.2 设备、材料正式入库前，依据合同约定应组织开箱检验。

6.8.3 开箱检验合格的设备、材料，具备规定的入库条件，应提出入库申请，办理入库手续。

6.8.4 仓储管理工作应包括物资接收、保管、盘库和发放，以及技术档案、单据、账目和仓储安全管理等。仓储管理应建立物资动态明细台账，所有物资应注明货位、档案编号和标识码等。仓储管理员应登账并定期核对，使账物相符。

6.8.5 采购组应制定并执行物资发放制度，根据批准的领料申请单发放设备、材料，办理物资出库交接手续。

7 项目施工管理

7.1 一般规定

7.1.1 工程总承包项目的施工应由具备相应施工资质和能力的企业承担。

7.1.2 施工管理应由施工经理负责，并适时组建施工组。在项目实施过程中，施工经理应接受项目经理和工程总承包企业施工管理部门的管理。

7.2 施工执行计划

7.2.1 施工执行计划应由施工经理负责组织编制，经项目经理批准后组织实施，并报项目发包人确认。

7.2.2 施工执行计划宜包括下列主要内容：

    1 工程概况；

    2 施工组织原则；

    3 施工质量计划；

    4 施工安全、职业健康和环境保护计划；

    5 施工进度计划；

    6 施工费用计划；

    7 施工技术管理计划，包括施工技术方案要求；

    8 资源供应计划；

    9 施工准备工作要求。

7.2.3 施工采用分包时，项目发包人应在施工执行计划中明确分包范围、项目分包人的责任和义务。

7.2.4 施工组应对施工执行计划实行目标跟踪和监督管理，对施工过程中发生的工程设计和施工方案重大变更，应履行审批程序。

7.3 施工进度控制

7.3.1 施工组应根据施工执行计划组织编制施工进度计划，并组织实施和控制。

7.3.2 施工进度计划应包括施工总进度计划、单项工程进度计划和单位工程进度计划。施工总进度计划应报项目发包人确认。

7.3.3 编制施工进度计划的依据宜包括下列主要内容：

1　项目合同；

2　施工执行计划；

3　施工进度目标；

4　设计文件；

5　施工现场条件；

6　供货计划；

7　有关技术经济资料。

7.3.4　施工进度计划宜按下列程序编制：

1　收集编制依据资料；

2　确定进度控制目标；

3　计算工程量；

4　确定分部、分项、单位工程的施工期限；

5　确定施工流程；

6　形成施工进度计划；

7　编写施工进度计划说明书。

7.3.5　施工组应对施工进度建立跟踪、监督、检查和报告的管理机制。

7.3.6　施工组应检查施工进度计划中的关键路线、资源配置的执行情况，并提出施工进展报告。施工组宜采用赢得值等技术，测量施工进度，分析进度偏差，预测进度趋势，采取纠正措施。

7.3.7　施工进度计划调整时，项目部按规定程序应进行协调和确认，并保存相关记录。

7.4　施工费用控制

7.4.1　施工组应根据项目施工执行计划，估算施工费用，确定施工费用控制基准。施工费用控制基准调整时，应按规定程序审批。

7.4.2　施工组宜采用赢得值等技术，测量施工费用，分析费用偏差，预测费用趋势，采取纠正措施。

7.4.3　施工组应依据施工分包合同、安全生产管理协议和施工进度计划制定施工分包费用支付计划和管理规定。

7.5　施工质量控制

7.5.1　施工组应监督施工过程的质量，并对特殊过程和关键工序进行识别与质量控制，并应保存质量记录。

7.5.2　施工组应对供货质量按规定进行复验并保存活动结果的证据。

7.5.3　施工组应监督施工质量不合格品的处置，并验证其实施效果。

7.5.4　施工组应对所需的施工机械、装备、设施、工具和器具的配置以及使用状态进行有效性和安全性检查，必要时进行试验。操作人员应持证上岗，按操作规程作业，并在使用中做好维护和保养。

7.5.5　施工组应对施工过程的质量控制绩效进行分析和评价，明确改进目标，制定纠正措施，进行持续改进。

7.5.6　施工组应根据施工质量计划，明确施工质量标准和控制目标。

7.5.7　施工组应组织对项目分包人的施工组织设计和专项施工方案进行审查。

7.5.8　施工组应按规定组织或参加工程质量验收。

7.5.9　当实行施工分包时，项目部应依据施工分包合同约定，组织项目分包人完成并提交质量记录和竣工文件，并进行评审。

7.5.10　当施工过程中发生质量事故时，应按国家现行有关规定处理。

7.6　施工安全管理

7.6.1　项目部应建立项目安全生产责任制，明确各岗位人员的责任、责任范围和考核标准等。

7.6.2　施工组应根据项目安全管理实施计划进行施工阶段安全策划，编制施工安全计划，建立施工安全管理制度，明确安全职责，落实施工安全管理目标。

7.6.3　施工组应按安全检查制度组织现场安全检查，掌握安全信息，召开安全例会，发现和消除隐患。

7.6.4　施工组应对施工安全管理工作负责，并实行统一的协调、监督和控制。

7.6.5　施工组应对施工各阶段、部位和场所的危险源进行识别和风险分析，制定应对措施，并对其实施管理和控制。

7.6.6　依据合同约定，工程总承包企业或分包商必须依法参加工伤保险，为从业人员缴纳保险费，鼓励投保安全生产责任保险。

7.6.7　施工组应建立并保存完整的施工记录。

7.6.8　项目部应依据分包合同和安全生产管理协议的约定，明确各自的安全生产管理职责和应采取的安全措施，并指定专职安全生产管理人员进行安全生产管理与协调。

7.6.9　工程总承包企业应建立监督管理机制。监督考核项目部安全生产责任制落实情况。

7.7　施工现场管理

7.7.1　施工组应根据施工执行计划的要求，进行施工开工前的各项准备工作，并在施工过程中协调管理。

7.7.2　项目部应建立项目环境管理制度，掌握监控环境信息，采取应对措施。

7.7.3　项目部应建立和执行安全防范及治安管理制度，落实防范范围和责任，检查报警和救护系统的适应性和有效性。

7.7.4 项目部应建立施工现场卫生防疫管理制度。

7.7.5 当现场发生安全事故时，应按国家现行有关规定处理。

7.8 施工变更管理

7.8.1 项目部应按合同变更程序进行施工变更管理。

7.8.2 施工组应根据合同变更的内容和对施工的要求，对质量、安全、费用、进度、职业健康和环境保护等的影响进行评估，并应配合项目部实施和控制。

8 项目试运行管理

8.1 一般规定

8.1.1 项目部应依据合同约定进行项目试运行管理和服务。

8.1.2 项目试运行管理由试运行经理负责，并适时组建试运行组。在试运行管理和服务过程中，试运行经理应接受项目经理和工程总承包企业试运行管理部门的管理。

8.1.3 依据合同约定，试运行管理内容可包括试运行执行计划的编制、试运行准备、人员培训、试运行过程指导与服务等。

8.2 试运行执行计划

8.2.1 试运行执行计划应由试运行经理负责组织编制，经项目经理批准、项目发包人确认后组织实施。

8.2.2 试运行执行计划应包括下列主要内容：

  1 总体说明；

  2 组织机构；

  3 进度计划；

  4 资源计划；

  5 费用计划；

  6 培训计划；

  7 考核计划；

  8 质量、安全、职业健康和环境保护要求；

  9 试运行文件编制要求；

  10 试运行准备工作要求；

  11 项目发包人和相关方的责任分工等。

8.2.3 试运行执行计划应按项目特点，安排试运行工作内容、程序和周期。

8.2.4 培训计划应依据合同约定和项目特点编制，经项目发包人批准后实施，培训计划宜包括下列主要内容：

  1 培训目标；

  2 培训岗位；

  3 培训人员、时间安排；

  4 培训与考核方式；

  5 培训地点；

6 培训设备；

7 培训费用；

8 培训内容及教材等。

8.2.5 考核计划应依据合同约定的目标、考核内容和项目特点进行编制，考核计划应包括下列主要内容：

1 考核项目名称；

2 考核指标；

3 责任分工；

4 考核方式；

5 手段及方法；

6 考核时间；

7 检测或测量；

8 化验仪器设备及工机具；

9 考核结果评价及确认等。

8.3 试运行实施

8.3.1 试运行经理应依据合同约定，负责组织或协助项目发包人编制试运行方案。试运行方案宜包括下列主要内容：

1 工程概况；

2 编制依据和原则；

3 目标与采用标准；

4 试运行应具备的条件；

5 组织指挥系统；

6 试运行进度安排；

7 试运行资源配置；

8 环境保护设施投运安排；

9 安全及职业健康要求；

10 试运行预计的技术难点和采取的应对措施等。

8.3.2 项目部应配合项目发包人进行试运行前的准备工作，确保按设计文件及相关标准完成生产系统、配套系统和辅助系统的施工安装及调试工作。

8.3.3 试运行经理应按试运行执行计划和方案的要求落实相关的技术、人员和物资。

8.3.4 试运行经理应组织检查影响合同目标考核达标存在的问题，并落实解决措施。

8.3.5 合同目标考核的时间和周期应依据合同约定和考核计划执行。考核期内，全部保证值达标时，合同双方代表应分项或统一签署合同目标考核合格证书。

8.3.6 依据合同约定，培训服务的内容可包括生产管理和操作人员的理论培训、模拟培训和实际操作培训。

9 项目风险管理

9.1 一 般 规 定

9.1.1 工程总承包企业应制定风险管理规定，明确风险管理职责与要求。

9.1.2 项目部应编制项目风险管理程序，明确项目风险管理职责，负责项目风险管理的组织与协调。

9.1.3 项目部应制定项目风险管理计划，确定项目风险管理目标。

9.1.4 项目风险管理应贯穿于项目实施全过程，宜分阶段进行动态管理。

9.1.5 项目风险管理宜采用适用的方法和工具。

9.1.6 工程总承包企业通过汇总已发生的项目风险事件，可建立并完善项目风险数据库和项目风险损失事件库。

9.2 风 险 识 别

9.2.1 项目部应在项目策划的基础上，依据合同约定对设计、采购、施工和试运行阶段的风险进行识别，形成项目风险识别清单，输出项目风险识别结果。

9.2.2 项目风险识别过程宜包括下列主要内容：

    1 识别项目风险；

    2 对项目风险进行分类；

    3 输出项目风险识别结果。

9.3 风 险 评 估

9.3.1 项目部应在项目风险识别的基础上进行项目风险评估，并应输出评估结果。

9.3.2 项目风险评估过程宜包括下列主要内容：

    1 收集项目风险背景信息；

    2 确定项目风险评估标准；

    3 分析项目风险发生的几率和原因，推测产生的后果；

    4 采用适用的风险评价方法确定项目整体风险水平；

    5 采用适用的风险评价工具分析项目各风险之间的相互关系，确定项目重大风险；

    6 对项目风险进行对比和排序；

7 输出项目风险的评估结果。

9.4 风 险 控 制

9.4.1 项目部应根据项目风险识别和评估结果，制定项目风险应对措施或专项方案。对项目重大风险应制定应急预案。

9.4.2 项目风险控制过程宜包括下列主要内容：

    1 确定项目风险控制指标；

    2 选择适用的风险控制方法和工具；

    3 对风险进行动态监测，并更新风险防范级别；

    4 识别和评估新的风险，提出应对措施和方法；

    5 风险预警；

    6 组织实施应对措施、专项方案或应急预案；

    7 评估和统计风险损失。

9.4.3 项目部应对项目风险管理实施动态跟踪和监控。

9.4.4 项目部应对项目风险控制效果进行评估和持续改进。

10 项目进度管理

10.1 一般规定

10.1.1 项目部应建立项目进度管理体系，按合理交叉、相互协调、资源优化的原则，对项目进度进行控制管理。

10.1.2 项目部应对进度控制、费用控制和质量控制等进行协调管理。

10.1.3 项目进度管理应按项目工作分解结构逐级管理。项目进度控制宜采用赢得值管理、网络计划和信息技术。

10.2 进度计划

10.2.1 项目进度计划应按合同要求的工作范围和进度目标，制定工作分解结构并编制进度计划。

10.2.2 项目进度计划文件应包括进度计划图表和编制说明。

10.2.3 项目总进度计划应依据合同约定的工作范围和进度目标进行编制。项目分进度计划在总进度计划的约束条件下，根据细分的活动内容、活动逻辑关系和资源条件进行编制。

10.2.4 项目分进度计划应在控制经理协调下，由设计经理、采购经理、施工经理和试运行经理组织编制，并由项目经理审批。

10.3 进度控制

10.3.1 项目实施过程中，项目控制人员应对进度实施情况进行跟踪、数据采集，并应根据进度计划，优化资源配置，采用检查、比较、分析和纠偏等方法和措施，对计划进行动态控制。

10.3.2 进度控制应按检查、比较、分析和纠偏的步骤进行，并应符合下列规定：

    1 应对工程项目进度执行情况进行跟踪和检测，采集相关数据；

    2 应对进度计划实际值与基准值进行比较，发现进度偏差；

    3 应对比较的结果进行分析，确定偏差幅度、偏差产生的原因及对项目进度目标的影响程度；

    4 应根据工程的具体情况和偏差分析结果，预测整个项目的进度发展趋势，对可能的进度延迟进行预警，提出纠偏建议，采取适当的措施，使进度控制在允许的偏差范围内。

10.3.3 进度偏差分析应按下列程序进行：

    1 采用赢得值管理技术分析进度偏差；

    2 运用网络计划技术分析进度偏差对进度的影响，并应关注关键路径上各项活动的时间偏差。

10.3.4 项目部应定期发布项目进度执行报告。

10.3.5 项目部应按合同变更程序进行计划工期的变更管理，根据合同变更的内容和对计划工期、费用的要求，预测计划工期的变更对质量、安全、职业健康和环境保护等的影响，并实施和控制。

10.3.6 当项目活动进度拖延时，项目计划工期的变更应符合下列规定：

    1 该项活动负责人应提出活动推迟的时间和推迟原因的报告；

    2 项目进度管理人员应系统分析该活动进度的推迟对计划工期的影响；

    3 项目进度管理人员应向项目经理报告处理意见，并转发给费用管理人员和质量管理人员；

    4 项目经理应综合各方面意见作出修改计划工期的决定；

    5 修改的计划工期大于合同工期时，应报项目发包人确认并按合同变更处理。

10.3.7 项目部应根据项目进度计划对设计、采购、施工和试运行之间的接口关系进行重点监控。

10.3.8 项目部应根据项目进度计划对分包工程项目进度进行控制。

11 项目质量管理

11.1 一 般 规 定

11.1.1 工程总承包企业应按质量管理体系要求，规范工程总承包项目的质量管理。

11.1.2 项目质量管理应贯穿项目管理的全过程，按策划、实施、检查、处置循环的工作方法进行全过程的质量控制。

11.1.3 项目部应设专职质量管理人员，负责项目的质量管理工作。

11.1.4 项目质量管理应按下列程序进行：

  1 明确项目质量目标；

  2 建立项目质量管理体系；

  3 实施项目质量管理体系；

  4 监督检查项目质量管理体系的实施情况；

  5 收集、分析和反馈质量信息，并制定纠正措施。

11.2 质 量 计 划

11.2.1 项目策划过程中应由质量经理负责组织编制质量计划，经项目经理批准发布。

11.2.2 项目质量计划应体现从资源投入到完成工程交付的全过程质量管理与控制要求。

11.2.3 项目质量计划的编制应根据下列主要内容：

  1 合同中规定的产品质量特性、产品须达到的各项指标及其验收标准和其他质量要求；

  2 项目实施计划；

  3 相关的法律法规、技术标准；

  4 工程总承包企业质量管理体系文件及其要求。

11.2.4 项目质量计划应包括下列主要内容：

  1 项目的质量目标、指标和要求；

  2 项目的质量管理组织与职责；

  3 项目质量管理所需要的过程、文件和资源；

  4 实施项目质量目标和要求采取的措施。

11.3 质 量 控 制

11.3.1 项目的质量控制应对项目所有输入的信息、要求和资源的有效性进行控制。

11.3.2 项目部应根据项目质量计划对设计、采购、施工和试运行阶段接口的质量进行重点控制。

11.3.3 项目质量经理应负责组织检查、监督、考核和评价项目质量计划的执行情况，验证实施效果并形成报告。对出现的问题、缺陷或不合格，应召开质量分析会，并制定整改措施。

11.3.4 项目部按规定应对项目实施过程中形成的质量记录进行标识、收集、保存和归档。

11.3.5 项目部应根据项目质量计划对分包工程项目质量进行控制。

11.4 质 量 改 进

11.4.1 项目部人员应收集和反馈项目的各种质量信息。

11.4.2 项目部应定期对收集的质量信息进行数据分析；召开质量分析会议，找出影响工程质量的原因，采取纠正措施，定期评价其有效性，并反馈给工程总承包企业。

11.4.3 工程总承包企业应依据合同约定对保修期或缺陷责任期内发生的质量问题提供保修服务。

11.4.4 工程总承包企业应收集并接受项目发包人意见，获取项目运行信息，应将回访和项目发包人满意度调查工作纳入企业的质量改进活动中。

12 项目费用管理

12.1 一般规定

12.1.1 工程总承包企业应建立项目费用管理系统以满足工程总承包管理的需要。

12.1.2 项目部应设置费用估算和费用控制人员，负责编制工程总承包项目费用估算，制定费用计划和实施费用控制。

12.1.3 项目部应对费用控制与进度控制和质量控制等进行统筹决策、协调管理。

12.1.4 项目部可采用赢得值管理技术及相应的项目管理软件进行费用和进度综合管理。

12.2 费用估算

12.2.1 项目部应根据项目的进展编制不同深度的项目费用估算。

12.2.2 编制项目费用估算的依据应包括下列主要内容：

    1 项目合同；

    2 工程设计文件；

    3 工程总承包企业决策；

    4 有关的估算基础资料；

    5 有关法律文件和规定。

12.2.3 根据不同阶段的设计文件和技术资料，应采用相应的估算方法编制项目费用估算。

12.3 费用计划

12.3.1 项目费用计划应由控制经理组织编制，经项目经理批准后实施。

12.3.2 项目费用计划编制的主要依据应为经批准的项目费用估算、工作分解结构和项目进度计划。

12.3.3 项目部应将批准的项目费用估算按项目进度计划分配到各个工作单元，形成项目费用预算，作为项目费用控制的基准。

12.4 费用控制

12.4.1 项目部应采用目标管理方法对项目实施期间的费用进行过程控制。

12.4.2 费用控制应根据项目费用计划、进度报告及工程变更，采用检查、比较、分析、纠偏等方法和措施，对费用进行动态控制，将费用控制在项目批准的预算以内。

12.4.3 费用控制应按检查、比较、分析和纠偏的步骤进行，并应符合下列规定：

1 应对工程项目费用执行情况进行跟踪和检测，采集相关数据；

2 应对已完工作的预算费用与实际费用进行比较，发现费用偏差；

3 应对比较的结果进行分析，确定偏差幅度、偏差产生的原因及对项目费用目标的影响程度；

4 应根据工程的具体情况和偏差分析结果，对整个项目竣工时的费用进行预测，对可能的超支进行预警，采取适当的措施，把费用偏差控制在允许的范围内。

12.4.4 项目部应按合同变更程序进行费用变更管理，根据合同变更的内容和对费用、进度的要求，预测费用变更对质量、安全、职业健康和环境保护等的影响，并进行实施和控制。

12.4.5 项目部应定期编制项目费用执行报告。

13 项目安全、职业健康与环境管理

13.1 一 般 规 定

13.1.1 工程总承包企业应按职业健康安全管理和环境管理体系要求，规范工程总承包项目的职业健康安全和环境管理。

13.1.2 项目部应设置专职管理人员，在项目经理领导下，具体负责项目安全、职业健康与环境管理的组织与协调工作。

13.1.3 项目安全管理应进行危险源辨识和风险评价，制定安全管理计划，并进行控制。

13.1.4 项目职业健康管理应进行职业健康危险源辨识和风险评价，制定职业健康管理计划，并进行控制。

13.1.5 项目环境保护应进行环境因素辨识和评价，制定环境保护计划，并进行控制。

13.2 安 全 管 理

13.2.1 项目经理应为项目安全生产主要负责人，并应负有下列职责：
  1 建立、健全项目安全生产责任制；
  2 组织制定项目安全生产规章制度和操作规程；
  3 组织制定并实施项目安全生产教育和培训计划；
  4 保证项目安全生产投入的有效实施；
  5 督促、检查项目的安全生产工作，及时消除生产安全事故隐患；
  6 组织制定并实施项目的生产安全事故应急救援预案；
  7 及时、如实报告项目生产安全事故。

13.2.2 项目部应根据项目的安全管理目标，制定项目安全管理计划，并按规定程序批准实施。项目安全管理计划应包括下列主要内容：
  1 项目安全管理目标；
  2 项目安全管理组织机构和职责；
  3 项目危险源辨识、风险评价与控制措施；
  4 对从事危险和特种作业人员的培训教育计划；
  5 对危险源及其风险规避的宣传与警示方式；
  6 项目安全管理的主要措施与要求；
  7 项目生产安全事故应急救援预案的演练计划。

13.2.3 项目部应对项目安全管理计划的实施进行管理，并应符合下列规定：

    1 应为实施、控制和改进项目安全管理计划提供资源；

    2 应逐级进行安全管理计划的交底或培训；

    3 应对安全管理计划的执行进行监视和测量，动态识别潜在的危险源和紧急情况，采取措施，预防和减少危险。

13.2.4 项目安全管理必须贯穿于设计、采购、施工和试运行各阶段，并应符合下列规定：

    1 设计应满足本质安全要求；

    2 采购应对设备、材料和防护用品进行安全控制；

    3 施工应对所有现场活动进行安全控制；

    4 项目试运行前，应开展项目安全检查等工作。

13.2.5 项目部应配合项目发包人按规定向相关部门申报项目安全施工措施的有关文件。

13.2.6 在分包合同中，项目承包人应明确相应的安全要求，项目分包人应按要求履行其安全职责。

13.2.7 项目部应制定生产安全事故隐患排查治理制度，采取技术和管理措施，及时发现并消除事故隐患，应记录事故隐患排查治理情况，并应向从业人员通报。

13.2.8 当发生安全事故时，项目部应立即启动应急预案，组织实施应急救援并按规定及时、如实报告。

13.3 职业健康管理

13.3.1 项目部应按工程总承包企业的职业健康方针，制定项目职业健康管理计划，并按规定程序批准实施。项目职业健康管理计划宜包括下列主要内容：

    1 项目职业健康管理目标；

    2 项目职业健康管理组织机构和职责；

    3 项目职业健康管理的主要措施。

13.3.2 项目部应对项目职业健康管理计划的实施进行管理，并应符合下列规定：

    1 应为实施、控制和改进项目职业健康管理计划提供必要的资源；

    2 应进行职业健康的培训；

    3 应对项目职业健康管理计划的执行进行监视和测量，动态识别潜在的危险源和紧急情况，采取措施，预防和减少伤害。

13.3.3 项目部应制定项目职业健康的检查制度，对影响职业健康的因素采取措施，记录并保存检查结果。

13.4 环 境 管 理

13.4.1 项目部应根据批准的建设项目环境影响评价文件，编制用于指导项目实施过程的项目环境保护计划，并按规定程序批准实施，包括下列主要内容：

    1 项目环境保护的目标及主要指标；

    2 项目环境保护的实施方案；

    3 项目环境保护所需的人力、物力、财力和技术等资源的专项计划；

    4 项目环境保护所需的技术研发和技术攻关等工作；

    5 项目实施过程中防治环境污染和生态破坏的措施，以及投资估算。

13.4.2 项目部应对项目环境保护计划的实施进行管理，并应符合下列规定：

    1 应为实施、控制和改进项目环境保护计划提供必要的资源；

    2 应进行环境保护的培训；

    3 应对项目环境保护管理计划的执行进行监视和测量，动态识别潜在的环境因素和紧急情况，采取措施，预防和减少对环境产生的影响；

    4 落实环境保护主管部门对施工阶段的环保要求，以及施工过程中的环境保护措施；对施工现场的环境进行有效控制，建立良好的作业环境。

13.4.3 项目部应制定项目环境巡视检查和定期检查制度，对影响环境的因素应采取措施，记录并保存检查结果。

13.4.4 项目部应建立环境管理不符合状况的处置和调查程序，明确有关职责和权限，实施纠正措施。

14 项目资源管理

14.1 一 般 规 定

14.1.1 工程总承包企业应建立并完善项目资源管理机制，使项目人力、设备、材料、机具、技术和资金等资源适应工程总承包项目管理的需要。

14.1.2 项目资源管理应在满足实现工程总承包项目的质量、安全、费用、进度以及其他目标需要的基础上，进行项目资源的优化配置。

14.1.3 项目资源管理的全过程应包括项目资源的计划、配置、控制和调整。

14.2 人力资源管理

14.2.1 项目部应根据项目实施计划，编制人力资源需求、使用和培训计划，经工程总承包企业批准，配置项目人力资源，建立项目团队。

14.2.2 项目部应对项目人力资源进行优化配置和成本控制，并对项目从业人员的从业资格与能力进行管理。

14.2.3 项目部应根据工程总承包企业要求，制定项目绩效考核和奖惩制度，对项目部人员实施考核和奖惩。

14.3 设备材料管理

14.3.1 项目部应编制设备、材料控制计划，建立项目设备、材料控制程序和现场管理规定，对设备、材料进行管理和控制。

14.3.2 项目部设备、材料管理人员应对设备、材料进行入场检验、仓储管理、出入库管理和不合格品管理等。

14.3.3 项目部应依据合同约定对项目发包人提供的设备、材料进行控制。

14.4 机 具 管 理

14.4.1 项目部应编制项目机具需求和使用计划。对进入施工现场的机具应进行检验和登记，并按要求报验。

14.4.2 项目部应对现场施工机具的使用统一进行管理。

14.5 技术管理

14.5.1 项目部应执行工程总承包企业相关技术管理规定，对项目的技术资源与技术活动进行计划、组织、协调和控制。

14.5.2 项目部应对设计、采购、施工和试运行过程中涉及的技术资源与技术活动进行过程管理。

14.5.3 项目部应依据合同约定和工程总承包企业知识产权有关规定，对项目所涉及的知识产权进行管理。

14.6 资金管理

14.6.1 项目部及工程总承包企业相关职能部门应制定资金管理目标和计划，对项目实施过程中的资金流进行管理和控制。

14.6.2 项目部应根据工程总承包企业的资金管理规章制度，制定项目资金管理规定，并接受企业财务部门的监督、检查和控制。

14.6.3 项目部应配合工程总承包企业相关职能部门，依法进行项目的税费筹划和管理。

14.6.4 项目部应对项目资金计划进行管理。项目财务管理人员应根据项目进度计划、费用计划、合同价款及支付条件，编制项目资金流动计划和项目财务用款计划，按规定程序审批和实施。

14.6.5 项目部应依据合同约定向项目发包人提交工程款结算报告和相关资料，收取工程价款。

14.6.6 项目部应对资金风险进行管理。分析项目资金收入和支出情况，降低资金使用成本，提高资金使用效率，规避资金风险。

14.6.7 项目部应根据工程总承包企业财务制度，向企业财务部门提出项目财务报表。

14.6.8 项目竣工后，项目部应完成项目成本和经济效益分析报告，并上报工程总承包企业相关职能部门。

15　项目沟通与信息管理

15.1　一般规定

15.1.1　工程总承包企业应建立项目沟通与信息管理系统，制定沟通与信息管理程序和制度。

15.1.2　工程总承包企业应利用现代信息及通信技术对项目全过程所产生的各种信息进行管理。

15.1.3　项目部应运用各种沟通工具及方法，采取相应的组织协调措施与项目干系人进行信息沟通。

15.1.4　项目部应根据项目规模、特点与工作需要，设置专职或兼职项目信息管理和文件管理控制岗位。

15.2　沟通管理

15.2.1　项目沟通管理应贯穿工程总承包项目管理的全过程。

15.2.2　项目部应制定项目沟通管理计划，明确沟通的内容和方式，并根据项目实施过程中的情况变化进行调整。

15.2.3　项目部应根据工程总承包项目的特点，以及项目相关方不同的需求和目标，采取协调措施。

15.3　信息管理

15.3.1　项目部应建立与企业相匹配的项目信息管理系统，实现数据的共享和流转，对信息进行分析和评估。

15.3.2　项目部应制定项目信息管理计划，明确信息管理的内容和方式。

15.3.3　项目信息管理系统应符合下列规定：

　1　应与工程总承包企业的信息管理系统相兼容；

　2　应便于信息的输入、处理和存储；

　3　应便于信息的发布、传递和检索；

　4　应具有数据安全保护措施。

15.3.4　项目部应制定收集、处理、分析、反馈和传递项目信息的管理规定，并监督执行。

15.3.5 项目部应依据合同约定和工程总承包企业有关规定，确定项目统一的信息结构、分类和编码规则。

15.4 文 件 管 理

15.4.1 项目文件和资料应随项目进度收集和处理，并按项目统一规定进行管理。

15.4.2 项目部应按档案管理标准和规定，将设计、采购、施工和试运行阶段形成的文件和资料进行归档，档案资料应真实、有效和完整。

15.5 信息安全及保密

15.5.1 项目部应遵守工程总承包企业信息安全的有关规定，并应符合合同要求。

15.5.2 项目部应根据工程总承包企业信息安全和保密有关规定，采取信息安全与保密措施。

15.5.3 项目部应根据工程总承包企业的管理规定进行信息的备份和存档。

16 项目合同管理

16.1 一般规定

16.1.1 工程总承包企业的合同管理部门应负责项目合同的订立，对合同的履行进行监督，并负责合同的补充、修改和（或）变更、终止或结束等有关事宜的协调与处理。

16.1.2 工程总承包项目合同管理应包括工程总承包合同和分包合同管理。

16.1.3 项目部应根据工程总承包企业合同管理规定，负责组织对工程总承包合同的履行，并对分包合同的履行实施监督和控制。

16.1.4 项目部应根据工程总承包企业合同管理要求和合同约定，制定项目合同变更程序，把影响合同要约条件的变更纳入项目合同管理范围。

16.1.5 工程总承包合同和分包合同以及项目实施过程的合同变更和协议，应以书面形式订立，并成为合同的组成部分。

16.2 工程总承包合同管理

16.2.1 项目部应根据工程总承包企业相关规定建立工程总承包合同管理程序。

16.2.2 工程总承包合同管理宜包括下列主要内容：
  1 接收合同文本并检查、确认其完整性和有效性；
  2 熟悉和研究合同文本，了解和明确项目发包人的要求；
  3 确定项目合同控制目标，制定实施计划和保证措施；
  4 检查、跟踪合同履行情况；
  5 对项目合同变更进行管理；
  6 对合同履行中发生的违约、索赔和争议处理等事宜进行处理；
  7 对合同文件进行管理；
  8 进行合同收尾。

16.2.3 项目部合同管理人员应全过程跟踪检查合同履行情况，收集和整理合同信息和管理绩效评价，并应按规定报告项目经理。

16.2.4 项目合同变更应按下列程序进行：
  1 提出合同变更申请；
  2 控制经理组织相关人员开展合同变更评审并提出实施和控制计划；
  3 报项目经理审查和批准，重大合同变更应报工程总承包企业负责人签认；
  4 经项目发包人签认，形成书面文件；

5 组织实施。

16.2.5 提出合同变更申请时应填写合同变更单。合同变更单宜包括下列主要内容：

1 变更的内容；

2 变更的理由和处理措施；

3 变更的性质和责任承担方；

4 对项目质量、安全、费用和进度等的影响。

16.2.6 合同争议处理应按下列程序进行：

1 准备并提供合同争议事件的证据和详细报告；

2 通过和解或调解达成协议，解决争议；

3 和解或调解无效时，按合同约定提交仲裁或诉讼处理。

16.2.7 项目部应依据合同约定，对合同的违约责任进行处理。

16.2.8 合同索赔处理应符合下列规定：

1 应执行合同约定的索赔程序和规定；

2 应在规定时限内向对方发出索赔通知，并提出书面索赔报告和证据；

3 应对索赔费用和工期的真实性、合理性及准确性进行核定；

4 应按最终商定或裁定的索赔结果进行处理。索赔金额可作为合同总价的增补款或扣减款。

16.2.9 项目合同文件管理应符合下列规定：

1 应明确合同管理人员在合同文件管理中的职责，并依据合同约定的程序和规定进行合同文件管理；

2 合同管理人员应对合同文件定义范围内的信息、记录、函件、证据、报告、合同变更、协议、会议纪要、签证单据、图纸资料、标准规范及相关法规等进行收集、整理和归档。

16.2.10 合同收尾工作应符合下列规定：

1 合同收尾工作应依据合同约定的程序、方法和要求进行；

2 合同管理人员应建立合同文件索引目录；

3 合同管理人员确认合同约定的保修期或缺陷责任期已满并完成了缺陷修补工作时，应向项目发包人发出书面通知，要求项目发包人组织核定工程最终结算及签发合同项目履约证书或验收证书，关闭合同；

4 项目竣工后，项目部应对合同履行情况进行总结和评价。

16.3 分包合同管理

16.3.1 项目部及合同管理人员，应依据合同约定，将需要订立的分包合同纳入整体合同管理范围，并要求分包合同管理与工程总承包合同管理保持协调一致。

16.3.2 项目部应依据合同约定和企业授权，订立设计、采购、施工、试运行或其他咨询服务分包合同。

16.3.3 项目部应对分包合同生效后的履行、变更、违约、索赔、争议处理、终止或收尾结束的全部活动实施监督和控制。

16.3.4 分包合同管理宜包括下列主要内容：

1 明确分包合同的管理职责；

2 分包招标的准备和实施；

3 分包合同订立；

4 对分包合同实施监控；

5 分包合同变更处理；

6 分包合同争议处理；

7 分包合同索赔处理；

8 分包合同文件管理；

9 分包合同收尾。

16.3.5 项目部应依据合同约定，明确分包类别及职责，组织订立分包合同，协调和监督分包合同的履行。

16.3.6 项目部可根据工程总承包项目的范围、内容、要求和资源状况等进行分包，分包方式根据项目实际情况确定。

16.3.7 项目承包人与项目分包人应订立分包合同。

16.3.8 项目部应按下列规定组织分包合同谈判：

1 应明确谈判方针和策略，制定谈判工作计划；

2 应按计划做好谈判准备工作；

3 应明确谈判的主要内容，并按计划组织实施。

16.3.9 项目部应组织分包合同的评审，确定最终的合同文本，按工程总承包企业规定或经授权订立分包合同。

16.3.10 分包合同文件组成及其优先次序应包括下列内容：

1 协议书；

2 中标通知书；

3 专用条款；

4 通用条款；

5 投标书和构成合同组成部分的其他文件；

6 招标文件。

16.3.11 分包合同履行的管理应符合下列规定：

1 项目部应依据合同约定，对项目分包人的合同履行进行监督和管理，并履行约定的责任和义务；

2 合同管理人员应对分包合同确定的目标实行跟踪监督和动态管理；

3 在分包合同履行过程中，项目分包人应向项目承包人负责。

16.3.12 项目部应按合同变更程序进行分包合同变更管理，根据分包合同变更的内容和对分包的要求，预测相关费用和进度，并实施和控制。分包合同变更应成为分包合同的组成部分。对于合同变更，项目部应按规定向工程总承包企业合同管理部门报告。

16.3.13 分包合同变更应按下列程序进行：

    1 综合评估分包变更实施方案对项目质量、安全、费用和进度等的影响；

    2 根据评估意见调整或完善后的实施方案，报项目经理审查并按工程总承包企业合同管理程序审批；

    3 进行沟通和谈判，签订分包变更合同或协议；

    4 监控变更合同或协议的实施。

16.3.14 分包合同收尾应符合下列规定：

    1 项目部应按分包合同约定程序和要求进行分包合同的收尾；

    2 合同管理人员应对分包合同约定目标进行核查和验证，当确认已完成缺陷修补并达标时，进行分包合同的最终结算和关闭分包合同的工作；

    3 当分包合同关闭后应进行总结评价工作，包括对分包合同订立、履行及其相关效果的评价。

17 项目收尾

17.1 一般规定

17.1.1 项目收尾工作应由项目经理负责。

17.1.2 项目收尾工作宜包括下列主要内容：

    1 依据合同约定，项目承包人向项目发包人移交最终产品、服务或成果；

    2 依据合同约定，项目承包人配合项目发包人进行竣工验收；

    3 项目结算；

    4 项目总结；

    5 项目资料归档；

    6 项目剩余物资处置；

    7 项目考核与审计；

    8 对项目分包人及供应商的后评价。

17.2 竣工验收

17.2.1 项目竣工验收应由项目发包人负责。

17.2.2 工程项目达到竣工验收条件时，项目发包人应向负责竣工验收的单位提出竣工验收申请报告。

17.3 项目结算

17.3.1 项目部应依据合同约定，编制项目结算报告。

17.3.2 项目部应向项目发包人提交项目结算报告及资料，经双方确认后进行项目结算。

17.4 项目总结

17.4.1 项目经理应组织相关人员进行项目总结并编制项目总结报告。

17.4.2 项目部应完成项目完工报告。

17.5 考核与审计

17.5.1 工程总承包企业应依据项目管理目标责任书对项目部进行考核。

17.5.2 项目部应依据项目绩效考核和奖惩制度对项目团队成员进行考核。

17.5.3 项目部应依据工程总承包企业对项目分包人及供应商的管理规定对项目分包人及供应商进行后评价。

17.5.4 项目部应依据工程总承包企业有关规定配合项目审计。

本规范用词说明

1 为便于在执行本规范条文时区别对待，对要求严格程度不同的用词说明如下：

　　1） 表示很严格，非这样做不可的：

　　　　正面词采用"必须"，反面词采用"严禁"；

　　2） 表示严格，在正常情况下均应这样做的：

　　　　正面词采用"应"，反面词采用"不应"或"不得"；

　　3） 表示允许稍有选择，在条件许可时首先这样做的：

　　　　正面词采用"宜"，反面词采用"不宜"；

　　4） 表示有选择，在一定条件下可以这样做的，可采用"可"。

2 条文中指明应按其他有关标准执行的写法为："应符合……的规定"或"应按……执行"。

中华人民共和国国家标准

建设项目工程总承包管理规范

GB/T 50358—2017

条 文 说 明

编 制 说 明

　　《建设项目工程总承包管理规范》GB/T 50358—2017，经住房和城乡建设部 2017 年 5 月 4 日以第 1535 号公告批准、发布。

　　本规范是在《建设项目工程总承包管理规范》GB/T 50358—2005 的基础上修订而成，前一版规范的主编单位是中国勘察设计协会建设项目管理和工程总承包分会，参编单位是中国成达工程公司、中国石化工程建设公司、北京国电华北电力工程有限公司、中冶京诚工程技术有限公司、中国寰球工程公司、上海建工集团总公司、中国电子工程设计院、中冶赛迪工程技术股份有限公司、中国纺织工业设计院、天津大学管理学院、统计大学经济管理学院、北京中寰工程项目管理公司、中国机械装备（集团）公司、中国石油天然气管道工程有限公司、铁道第四勘察设计院、五洲工程设计研究院、中国海诚工程科技股份有限公司、中国建筑工程总公司、中建国际建设公司、北京城建集团有限责任公司、中国有色矿业建设集团有限公司、中国冶金建设集团公司、水利部黄河水利委员会勘测规划设计研究院。主要起草人员是万柏春、何国瑞、胡德银、蔡强华、张秀东、蔡云、曹钢、范国庆、冯绍鋐、张名革、张宝丰、伍亿冰、王雪青、王亮、李培彬、林知炎、曹建勇。

　　本规范修订过程中，编制组充分发挥来自石油、石化、化工、冶金、电力、轻工、机械、铁道、电子、煤炭、建筑等行业工程总承包企业专家和高等院校项目管理专家的作用，系统总结了各行业近二十多年国内外工程总承包管理经验，依据国家相关法律法规，对规范修改内容反复讨论、斟酌，形成了一致意见。

　　本规范在原规范结构的基础上进行了优化，删除了原规范"工程总承包管理内容与程序"一章，其内容并入相关章节条文说明，增加了"项目风险管理"、"项目收尾"两章，将原规范相关章节的变更管理统一归集到项目合同管理一章。对其他章节部分条款按照相关规定做了适当修改。使规范在结构上更加完善，用词与定义更加一致，变更管理与项目合同管理更加协调。

　　为便于广大设计、施工、项目管理咨询、监理、科研、学校等单位有关人员在使用本规范时能正确理解和执行条文规定，《建设项目工程总承包管理规范》修订编制组按章、节、条顺序编制了本规范的条文说明，对条文规定的目的、依据等进一步说明和解释。本条文说明不具备与规范正文同等的法律效力，仅供使用者作为理解和把握规范规定的参考。

目　　次

1 总　　则

1.0.1　本规范是规范建设项目工程总承包管理活动的基本依据。

1.0.2　工程总承包项目过程管理包括：产品实现过程和项目管理过程。产品实现过程的管理，包括设计、采购、施工和试运行的管理。项目管理过程的管理，包括项目启动、项目策划、项目实施、项目控制和项目收尾的管理。

项目部在实施项目过程中，每一管理过程需体现策划（plan）、实施（do）、检查（check）、处置（action）即 PDCA 循环。

2 术　语

2.0.1 工程总承包可以是全过程的承包，也可以是分阶段的承包。工程总承包的范围、承包方式、责权利等由合同约定。工程总承包有下列方式：

   1 设计采购施工（EPC）/交钥匙工程总承包，即工程总承包企业依据合同约定，承担设计、采购、施工和试运行工作，并对承包工程的质量、安全、费用和进度等全面负责。

   2 设计－施工总承包（D-B），即工程总承包企业依据合同约定，承担工程项目的设计和施工，并对承包工程的质量、安全、费用、进度、职业健康和环境保护等全面负责。

   3 根据工程项目的不同规模、类型和项目发包人要求，工程总承包还可采用设计-采购总承包（E-P）和采购-施工总承包（P-C）等方式。

2.0.2 项目部是工程总承包企业为履行项目合同而临时组建的项目管理组织，由项目经理负责组建。项目部在项目经理领导下负责工程总承包项目的计划、组织、实施、控制和收尾等工作。项目部是一次性组织，随着项目启动而建立，随着项目结束而解散。项目部从履行项目合同的角度对工程总承包项目实行全过程的管理，工程总承包企业的职能部门按照职能规定对项目实施全过程进行支持，构成项目实施的矩阵式管理。项目部的主要成员，如设计经理、采购经理、施工经理、试运行经理和财务经理等，分别接受项目经理和工程总承包企业职能部门的管理。

2.0.3 项目管理一词在不同的应用领域有各种不同的解释。广义的项目管理解释，如美国项目管理学会（Project Management Institute-PMI）标准《项目管理知识体系指南》（A guide to the project management body of knowledge-PMBOK）定义：项目管理是把项目管理知识、技能、工具和技术用于项目活动中，以达到项目目标。ISO 10006《项目管理质量指南》（Guidelines to quality in project management）定义：项目管理包括在项目连续过程中对项目的各方面进行策划、组织、监测和控制等活动，以达到项目目标。本规范中项目管理是指工程总承包企业对工程总承包项目进行的项目管理，包括设计、采购、施工和试运行全过程的质量、安全、费用和进度等全方位的策划、组织实施、控制和收尾等。本规范所指项目管理适用于工程总承包项目管理应用领域。

2.0.4 项目管理体系需与企业的其他管理体系如质量管理体系、环境管理体系和职业健康安全管理体系等相容或互为补充。

2.0.6 项目管理计划由项目经理组织编制，向工程总承包企业管理层阐明管理合同项目的方针、原则、对策和建议。项目管理计划是企业内部文件，可以包含企业内部信息，例如风险和利润等，不向项目发包人提交。项目管理计划批准之后，由项目经理组织编制项目实施计划。

2.0.7 项目实施计划是项目实施的指导性文件，项目实施计划需报项目发包人确认，并作为项目实施的依据。依据工程总承包项目实施计划指导和协调各方面的单项计划，例如设计执行计划、采购执行计划、施工执行计划、试运行执行计划、质量计划、安全管理计划、职业健康管理计划、环境保护计划、进度计划和财务计划等，以保证项目协调、连贯地顺利进行。

2.0.8 用赢得值管理技术进行费用、进度综合控制，基本参数有三项：

1 计划工作的预算费用（budgeted cost for work scheduled-BCWS）；

2 已完工作的预算费用（budgeted cost for work performed-BCWP）；

3 已完工作的实际费用（actual cost for work performed-ACWP）。

其中 BCWP 即所谓赢得值。

采用赢得值管理技术对项目的费用、进度综合控制，可以克服过去费用、进度分开控制的缺点：即当费用超支时，很难判断是由于费用超出预算，还是由于进度提前；当费用低于预算时，很难判断是由于费用节省，还是由于进度拖延。引入赢得值管理技术即可定量地判断进度、费用的执行效果。

在项目实施过程中，以上三个参数可以形成三条曲线，即 *BCWS*、*BCWP*、*ACWP* 曲线，如图 1 所示。

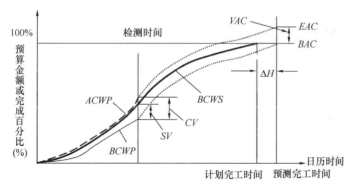

图 1　赢得值曲线

图 1 中：$CV = BCWP - ACWP$，由于两项参数均以已完工作为计算基准，所以两项参数之差，反映项目进展的费用偏差。

$CV = 0$，表示实际消耗费用与预算费用相符（on budget）；

$CV > 0$，表示实际消耗费用低于预算费用（under budget）；

$CV < 0$，表示实际消耗费用高于预算费用，即超预算（over budget）。

$SV = BCWP - BCWS$，由于两项参数均以预算值作为计算基准，所以两者之差，反映项目进展的进度偏差。

$SV = 0$，表示实际进度符合计划进度（on schedule）；

$SV > 0$，表示实际进度比计划进度提前（ahead）；

$SV<0$，表示实际进度比计划进度拖后（behind）。

采用赢得值管理技术进行费用、进度综合控制，还可以根据当前的进度、费用偏差情况，通过原因分析，对趋势进行预测，预测项目结束时的进度、费用情况。

BAC（budget at completion）为项目完工预算；

EAC（estimate at completion）为预测的项目完工估算；

VAC（variance at completion）为预测项目完工时的费用偏差；

$VAC = BAC-EAC$。

2.0.9 项目实施是执行项目计划并形成项目产品的过程。在这个过程中项目部的大量工作是组织和协调。项目实施按照项目计划开展工作。

2.0.10 项目控制是预防和发现与既定计划之间的偏差，并采取纠正措施。通常在项目计划中规定控制基准，例如赢得值管理技术中进度、费用控制基准（计划工作的预算费用 $BCWS$）。通常只有在项目范围变更的情况下才允许变更控制基准。工程总承包项目主要的控制有综合变更控制、范围变更控制、质量控制、风险控制、费用控制和进度控制等。

2.0.11 项目收尾包括两个方面的内容：一是合同收尾，完成合同规定的全部工作和决算，解决所有未了事项；二是管理收尾，收集、整理和归档项目文件，总结经验和教训，评价项目执行效果，为以后的项目提供参考。

2.0.12 根据我国基本建设程序，一般分为初步设计和施工图设计两个阶段。对于技术复杂而又缺乏设计经验的项目，经主管部门指定按初步设计、技术设计和施工图设计三个阶段进行。为实现设计程序和方法与国际接轨，有些工程项目已经采用发达国家的设计程序和方法，设计阶段划分为工艺（方案、概念）设计、基础工程设计和详细工程设计三个阶段，其深度和设计成品与国内初步设计和施工图设计有所不同。通常国内工程项目按初步设计和施工图设计的深度规定进行设计，涉外项目当项目发包人有要求时可按国际惯例进行设计。

2.0.13 广义的采购，包括设备、材料的采购和设计、施工及劳务采购。本规范的采购是指设备、材料的采购，而把设计、施工、劳务及租赁采购称为分包。

2.0.15 试运行在不同的领域表述不同，例如试车、开车、调试、联动试车、整套（或整体）试运、联调联试、竣工试验和竣工后试验等。

2.0.17 项目进度控制是以项目进度计划为控制基准，通过定期对进度绩效的测量，计算进度偏差，并对偏差原因进行分析，采取相应的纠正措施。当项目范围发生较大变化，或出现重大进度偏差时，经过批准可调整进度计划。

2.0.18 本规范所指项目费用是指工程总承包项目的费用，其范围仅包括合同约定的范围，不包括合同范围以外由项目发包人承担的费用。

2.0.19 项目费用控制是以项目费用预算为控制基准，通过定期对费用绩效的测量，计算费用偏差，对偏差原因进行分析，采取相应的纠正措施。当项目范围发生较大变化，或出现重大费用偏差时，经批准可调整项目费用预算。

2.0.20 项目质量计划是指为实现项目的目标，而对项目质量管理进行规划，它包括制定项目质量的目标、确定拟采用质量体系的目标及其所要求的活动。

2.0.21 项目质量控制的目的是采取一定的措施消除质量偏差，追求质量零缺陷。项目质量控制需贯穿于项目质量管理的全过程。

2.0.24 项目风险存续于项目的整个生命期，除了具有一般意义的风险特征外，由于项目的一次性、独特性、组织的临时性和开放性等特征，对于不同项目，其风险特征各有不同。项目风险管理需强调对项目组织、项目风险、风险管理的动态性以及各阶段过程的有效管理。

2.0.25 项目风险管理本身就是一个项目，有明确的项目目标和工作内容。

2.0.29 工程总承包合同的订立由工程总承包企业负责。

2.0.31 分包合同从广义上说，是指工程总承包企业为完成工程总承包合同，把部分工程或服务分包给其他组织所签订的合同。可以有设计分包合同、采购分包合同、施工分包合同和试运行分包合同等，都属于工程总承包合同的分包合同。

2.0.32 缺陷责任期一般应为 12 个月，最长不超过 24 个月。缺陷责任期满项目发包人需按合同约定向项目承包人返还质保金或保函等。

3 工程总承包管理的组织

3.2 任命项目经理和组建项目部

3.2.2 项目部的设立应包括下列主要内容：

结合项目特点，确定组织形式，并可通过成立设计组、采购组、施工组和试运行组进行项目管理。

3.4 项目部岗位设置及管理

3.4.1 安全经理这里指 HSE 经理，安全工程师这里指 HSE 工程师。HSE 是健康（Health）、安全（Safety）与环境（Environment）的英文缩写。

3.4.2 项目部的岗位设置，需满足项目需要，并明确各岗位的职责、权限和考核标准。项目部主要岗位的职责需符合下列要求：

1 项目经理

项目经理是工程总承包项目的负责人，经授权代表工程总承包企业负责履行项目合同，负责项目的计划、组织、领导和控制，对项目的质量、安全、费用、进度等负责。

2 控制经理

根据合同要求，协助项目经理制定项目总进度计划及费用管理计划。协调其他职能经理组织编制设计、采购、施工和试运行的进度计划。对项目的进度、费用以及设备、材料进行综合管理和控制，并指导和管理项目控制专业人员的工作，审查相关输出文件。

3 设计经理

根据合同要求，执行项目设计执行计划，负责组织、指导和协调项目的设计工作，按合同要求组织开展设计工作，对工程设计进度、质量、费用和安全等进行管理与控制。

4 采购经理

根据合同要求，执行项目采购执行计划，负责组织、指导和协调项目的采购工作，处理采购有关事宜和供应商的关系。完成项目合同对采购要求的技术、质量、安全、费用和进度以及工程总承包企业对采购费用控制的目标与任务。

5 施工经理

根据合同要求，执行项目施工执行计划，负责项目的施工管理，对施工质量、安全、费用和进度进行监控。负责对项目分包人的协调、监督和管理工作。

6 试运行经理

根据合同要求，执行项目试运行执行计划，组织实施项目试运行管理和服务。

7 财务经理

负责项目的财务管理和会计核算工作。

8 质量经理

负责组织建立项目质量管理体系，并保证有效运行。

9 安全经理

负责组织建立项目职业健康安全管理体系和环境管理体系，并保证有效运行。

10 商务经理

协助项目经理，负责组织项目合同的签订和项目合同管理。

11 行政经理

负责项目综合事务管理，包括办公室、行政和人力资源等工作。

3.6 项目经理的职责和权限

3.6.1 项目经理的职责需在工程总承包企业管理制度中规定，具体项目中项目经理的职责，需在项目管理目标责任书中规定。

4 项 目 策 划

4.1 一 般 规 定

4.1.1 通过工程总承包项目的策划活动，形成项目的管理计划和实施计划。

项目管理计划是工程总承包企业对工程总承包项目实施管理的重要内部文件，是编制项目实施计划的基础和重要依据。项目实施计划是对实现项目目标的具体和深化。对项目的资源配置、费用、进度、内外接口和风险管理等制定工作要点和进度控制点。通常项目实施计划需经过项目发包人的审查和确认。根据项目的实际情况，也可将项目管理计划的内容并入项目实施计划中。

4.1.2 项目策划内容中需体现企业发展的战略要求，明确本项目在实现企业战略中的地位，通过对项目各类风险的分析和研究，明确项目部的工作目标、管理原则、管理的基本程序和方法。

4.2 策 划 内 容

4.2.1 在项目实施过程中，技术、质量、安全、费用、进度、职业健康和环境保护等方面的目标和要求是相互关联和相互制约的。在进行项目策划时，需结合项目的实际情况，进行综合考虑、整体协调。由于项目策划的主要依据是合同，因此项目策划的输出需满足合同要求。

4.2.2 项目策划需包括下列主要内容：

 4 资源的配置计划是确定完成项目活动所需的人力、设备、材料、技术、资金和信息等资源的种类和数量。资源配置计划根据项目工作分解结构编制。资源的配置对项目实施起着关键的作用，工程总承包企业根据项目目标，为项目配备合格的人员、足够的设施和财力等资源，以保证项目按照合同要求实施。

 5 制定项目协调程序和规定，是项目策划工作中的一项重要内容，项目部与相关项目干系人之间的沟通，需在项目策划阶段予以确定，以保证项目实施过程中信息沟通及时和准确。

4.3 项目管理计划

4.3.1 项目经理需根据合同和工程总承包企业管理层的总体要求组织项目职能经理编制项目管理计划。管理计划需体现企业对项目实施的要求和项目经理对项目的总体规划和实施方案，该计划属企业内部文件不对外发放。

4.3.3 本条所列内容为项目管理计划的基本内容，各行业可根据本行业的特点和项目的规模进行调整。项目管理计划需对项目的税费筹划和组织模式进行描述。

4.4 项目实施计划

4.4.1 项目实施计划是实现项目合同目标、项目策划目标和企业目标的具体措施和手段，也是反映项目经理和项目部落实工程总承包企业对项目管理的要求。项目实施计划需在项目管理计划获得批准后，由项目经理组织项目部人员进行编制。项目实施计划需具有可操作性。

4.4.2 项目实施计划的编制依据需包括下列主要内容：

 2 项目管理目标责任书的内容按照各行业和企业的特点制定。实行项目经理负责制的项目需签订项目管理目标责任书。企业管理层的总体要求是工程总承包企业管理层对项目实施目标的具体要求，要将这些要求纳入到项目实施计划中。

 3 项目的基础资料包括合同、批复文件等。

4.4.3 项目实施计划的具体内容：

 1 概述：

  1）项目简要介绍；

  2）项目范围；

  3）合同类型；

  4）项目特点；

  5）特殊要求。

当有特殊性时，需包括特殊要求。

 2 总体实施方案：

  1）项目目标；

  2）项目实施的组织形式；

  3）项目阶段的划分；

  4）项目工作分解结构；

  5）项目实施要求；

  6）项目沟通与协调程序；

  7）对项目各阶段的工作及其文件的要求；

  8）项目分包计划。

 3 项目实施要点：

  1）工程设计实施要点；

  2）采购实施要点；

  3）施工实施要点；

  4）试运行实施要点；

5）合同管理要点；

6）资源管理要点；

7）质量控制要点；

8）进度控制要点；

9）费用估算及控制要点；

10）安全管理要点；

11）职业健康管理要点；

12）环境管理要点；

13）沟通和协调管理要点；

14）财务管理要点；

15）风险管理要点；

16）文件及信息管理要点；

17）报告制度。

4　项目初步进度计划需确定下列活动的进度控制点：

1）收集相关的原始数据和基础资料；

2）发表项目管理规定；

3）发表项目计划；

4）发表项目进度计划；

5）发表工程设计执行计划；

6）发表项目采购执行计划；

7）发表项目施工执行计划；

8）发表项目试运行执行计划；

9）完成工程总承包企业内部项目费用估算和预算，发表项目费用进度计划。

5 项目设计管理

5.1 一 般 规 定

5.1.4 将采购纳入设计程序是工程总承包项目设计的重要特点之一。设计在设备、材料采购过程中一般包括下列工作:

    1 提出设备、材料采购的请购单及询价技术文件;

    2 负责对制造厂商的报价提出技术评价意见;

    3 参加厂商协调会,参与技术澄清和协商;

    4 审查确认制造厂商返回的先期确认图纸及最终确认图纸;

    5 在设备制造过程中,协助采购处理有关设计、技术问题;

    6 参与关键设备和材料的检验工作。

5.2 设计执行计划

5.2.1 设计执行计划是项目设计策划的成果,是重要的管理文件。

5.2.3 设计执行计划包含的内容可根据项目的具体情况进行调整。

5.3 设 计 实 施

5.3.1 设计执行计划控制目标是指设计执行计划中设置的有关合同项目技术管理、质量管理、安全管理、费用管理、进度管理和资源管理等方面的主要控制指标和要求。

5.3.2 项目设计基础数据和资料是在项目基础资料的基础上整理汇总而成的,是项目设计和建设的重要基础。不同的项目合同需要的设计基础数据和资料不同。一般包括下列主要内容:

    1 现场数据(包括气象、水文、工程地质数据和其他现场数据);

    2 原料特性分析和产品标准与要求;

    3 界区接点设计条件;

    4 公用系统及辅助系统设计条件;

    5 危险品、三废处理原则与要求;

    6 指定使用的标准、规范、规程或规定;

    7 可以利用的工程设施及现场施工条件等。

5.3.3 设计协调程序是项目协调程序中的一个组成部分,是指在合同约定的基础上进一步明确工程总承包企业与项目发包人之间在设计工作方面的关系、联络方式和报告审批制度。设计协调程序一般包括下列主要内容：

    1 设计管理联络方式和双方对口负责人；

    2 项目发包人提供设计所需的项目基础资料和项目设计数据的内容，并明确提供的时间和方式；

    3 设计中采用非常规做法的内容；

    4 设计中项目发包人需要审查、认可或批准的内容；

    5 向项目发包人和施工现场发送设计图纸和文件的要求，列出图纸和文件发送的内容、时间、份数和发送方式，以及图纸和文件的包装形式、标志、收件人姓名和地址等；

    6 依据合同约定，确定备品备件的内容和数量；

    7 设备、材料请购单的审查范围和审批程序；

    8 按合同变更程序进行设计变更管理。

变更包括项目发包人变更和项目变更两种类型，变更申请包括变更的内容、原因和影响范围以及审批规定等。

5.3.4 设计评审主要是对设计技术方案进行评审，有多种方式，一般分为三级：

第一级：项目中重大设计技术方案由企业组织评审；

第二级：项目中综合设计技术方案由项目部组织评审；

第三级：专业设计技术方案由本专业所在部门组织评审。

项目设计评审程序需符合工程总承包企业设计评审程序的要求。

5.3.6 为使设计文件满足规定的深度要求，需对下列设计输入进行评审。

    1 初步设计或基础工程设计：

      1）项目前期工作的批准文件；

      2）项目合同；

      3）拟采用的标准规范；

      4）项目发包人及相关方的其他意见和要求；

      5）项目实施计划和设计执行计划；

      6）工程设计统一规定；

      7）工程总承包企业内部相关规定和成功的技术积累。

    2 施工图设计或详细工程设计：

      1）批准的初步设计文件；

      2）项目合同；

      3）拟采用的标准规范；

      4）项目发包人及相关方的其他意见和要求；

      5）内部评审意见；

      6）项目实施计划和设计执行计划；

      7）供货商图纸和资料；

8）工程设计统一规定；

9）工程总承包企业内部相关规定和成功的技术积累。

5.3.7 设计选用的设备、材料，除特殊要求外，不得限定或指定特定的专利、商标、品牌、原产地或供应商。

5.3.8 在施工前，组织设计交底或培训需说明设计意图，解释设计文件，明确设计对施工的技术、质量、安全和标准等要求。发现并消除图纸中的质量隐患，对存在的问题，及时协商解决，并保存相应的记录。

5.4 设 计 控 制

5.4.2 设计质量应按项目质量管理体系要求进行控制，制定控制措施。设计经理及各专业负责人应填写规定的质量记录，并向工程总承包企业职能部门反馈项目设计质量信息。设计质量控制点应包括下列主要内容：

    3 设计策划的控制包括组织、技术和条件接口关系等。

5.4.3 设计变更程序包括下列主要内容：

    1 根据项目要求或项目发包人指示，提出设计变更的处理方案；

    2 对项目发包人指令的设计变更在技术上的可行性、安全性和适用性问题进行评估；

    3 设计变更提出后，对费用和进度的影响进行评价，经设计经理审核后报项目经理批准；

    4 评估设计变更在技术上的可行性、安全性和适用性；

    5 说明执行变更对履约产生的有利或不利影响；

    6 执行经确认的设计变更。

5.4.5 请购文件需由设计人员提出，经专业负责人和设计经理确认，提交控制人员组织审核，审核通过后提交采购，作为采购的依据。

5.5 设 计 收 尾

5.5.1 关闭合同所需要的相关文件一般包括：

    1 竣工图；

    2 设计变更文件；

    3 操作指导手册；

    4 修正后的核定估算；

    5 其他设计资料、说明文件等。

5.5.3 项目设计的经验与教训反馈给工程总承包企业有关职能部门，进行持续改进。

6 项目采购管理

6.2 采购工作程序

6.2.1 采购工作需按下列程序实施：

1 采购执行计划包括采购进度计划、物流计划、检验计划和材料控制计划。

2 采买：

1）可采用招标、询比价、竞争性谈判和单一来源采购等方式进行采买。

2）按询比价方式进行的采买，采买工程师需按照工程总承包企业制定的标准化格式，根据项目对设备、材料的要求编制询价文件。除技术、质量和商务要求外，询价文件可根据需要增加有关管理要求，使供货商的供货行为能满足项目管理的需要。

询价文件需包括技术文件和商务文件两部分。

技术文件根据设计提交的请购文件编制，包括：设备、材料规格书或数据表，设计图纸，采购说明书，适用的标准规范，需供应商提交的图纸、资料清单和进度要求等。

商务文件包括：询价函，报价须知，项目采购基本条件，对包装、运输、交付和服务的要求，报价回函和商务报价表模板等。

询比价方式进行的采买按以下程序进行：进行供应商资格预审，确认合格供应商，编制项目询价供应商名单；编制询价文件；实施询价，接受报价；组织报价评审；必要时与供应商澄清；签订采购合同或订单。

3 催交包括在办公室和现场进行催交。

4 检验包括驻厂监造和出厂检验等。

5 运输与交付包括合同约定的包装方式、运输的监督和交付。

6 仓储管理包括开箱检验、出入库管理和不合格品处置等。

7 现场服务管理包括采购技术服务、供货质量问题的处理、供应商专家服务的协调等。

8 采购收尾包括订单关闭、文件归档、剩余材料处理、供应商评定、采购完工报告编制以及项目采购工作总结等。

6.3 采购执行计划

6.3.3 采购执行计划需包括下列主要内容：

3 一般设备采购招标把标段称为标包。

集中采购是指同一企业内部或同一企业集团内部的采购管理集中化的方式，即通过对同一类材料进行集中化采购来降低采购成本。

6.4 采 买

6.4.1 采买是从接受请购文件到签发订单的过程。

6.4.5 采购合同或订单的内容和格式由工程总承包企业编制。

6.5 催交与检验

6.5.1、6.5.2 催交是协调和督促供应商依据采购合同约定的进度交付文件和货物。

催交是指从订立采购合同或订单至货物交付期间为促使供货商履行合同义务，按时提交供货商文件、图纸资料和最终产品而采取的一系列督促活动。

催交工作的要点是及时发现供货进度已出现或潜在的问题，及时报告，督促供货商采取必要的补救措施，或采取有效的财务控制和其他控制措施，防止进度拖延和费用超支。当某一订单出现供货进度拖延，通过必要的协调手段和控制措施，使其对项目进度的影响控制在最小的范围内。

催交等级一般划分为 A、B、C 三级，每一等级要求相应的催交方式和频度。催交等级为 A 级的设备、材料一般每 6 周进行一次驻厂催交，并且每 2 周进行一次办公室催交。催交等级为 B 级的设备、材料一般每 10 周进行一次驻厂催交，并且每 4 周进行一次办公室催交。催交等级为 C 级的设备、材料一般可不进行驻厂催交，但需定期进行办公室催交，其催交频度视具体情况决定。会议催交视供货状态定期或不定期进行。

6.5.4 检验是通过观察和判断，必要时结合测量、试验所进行的符合性评价。

检验工作是设备、材料质量控制的关键环节。为确保设备、材料的质量符合采购合同的规定和要求，避免由于质量问题而影响工程进度和费用控制，项目采购组需做好设备、材料制造过程中的检验或监造以及出厂前的检验。

检验工作需从原材料进货开始，包括材料检验、工序检验、中间控制点检验和中间产品试验、强度试验、致密性试验、整机试验、表面处理检验直至运输包装检验及商检等全过程或部分环节。

检验方式可分为放弃检验（免检）、资料审阅、中间检验、车间检验、最终检验和项目现场检验。

6.5.6 检验人员需按规定编制驻厂监造及出厂检验报告。检验报告宜包括下列主要内容：

5 检验记录包括检验过程和目标记录、文件审查记录，以及未能目睹或未能得以证明的主要事项的记录。必要时，需附实况照片和简图。

7 检验结论中，对不符合合同要求的问题，需列出不符合项的内容，并对不符合项整改情况进行说明。如果在检验过程中有无法整改或无法消除的不符合项，需由项目经理组织相关专业人员进行论证，给出结论。

6.6 运输与交付

6.6.1 运输是将采购货物按计划安全运抵合同约定地点的活动。

运输业务是指供应商提供的设备、材料制造完工并验收完毕后，从采购合同或订单规定的发货地点到合同约定的施工现场或指定仓储这一过程中的运输、保险和货物交付等工作。

6.6.2 设备、材料的包装和运输需满足采购合同约定。在采购合同中，需包括包装规定、标识标准、多次装卸和搬运及运输安全、防护的要求。

6.6.3 超限设备是指包装后的总重量、总长度、总宽度或总高度超过国家、行业有关规定的设备。

做好超限设备的运输工作需注意下列主要内容：

1 从供应商获取准确的超限设备运输包装图、装载图和运输要求等资料。对经过的道路（铁路、公路）桥梁和涵洞进行调查研究，制定超限设备专项的运输方案或委托制定运输方案。

2 委托运输：

1）编制完整准确的委托运输询价文件；

2）严格执行对承运人的选择和评审程序，必要时，需进行实地考察；

3）对运输报价进行严格的技术评审，包括方案和保证措施，签订运输合同；

4）审查承运人提交的运输实施计划。

3 检验设备的运输包装、加固和防护等情况。

4 必要时，需进行监装、监卸和（或）监运。

5 必要时，需检查沿途的桥涵、道路的加固情况，落实港口起重能力和作业方案。

6 检查货运文件的完整、有效性。

6.6.4 国际运输是指按照与国外项目分包人（供应商或承运方）签订的进口合同所使用的贸易术语。采用各种运输工具，进行与贸易术语相应的，自装运口岸到目的口岸的国际间货物运输，并按照所用贸易术语中明确的责任范围办理相应手续，如：进口报关、商检和保险等。在国际采购和国际运输业务中，主要采用我国对外贸易中常用的装运港船上交货（FOB）、成本加运费（CFR）、成本加保险和运费（CIF）、货交承运人（FCA）、运费付至（CPT）、运费和保险费付至（CIP）等贸易术语。

6.6.6 根据设备、材料的不同类型，接收工作包括下列主要内容：

1 核查货运文件；

2 对数量（件数）进行验收；

3 检查货物和货运文件相一致；

4 检查外包装及裸装设备、材料的外观质量和标识；

5 对照清单逐项核查随货图纸、资料，并加以记录。

6.8 仓 储 管 理

6.8.1 仓储管理可由采购组或施工组负责管理。可设立相应的管理机构和岗位。

6.8.2 开箱检验以合同为依据，决定开箱检验工作范围和检验内容，进口设备、材料的开箱检验按照国家有关法律法规执行。

6.8.3 开箱检验需按合同检查设备、材料及其备品备件和专用工具的外观、数量以及随机文件等是否齐全，并做好记录。

7 项目施工管理

7.1 一 般 规 定

7.1.2 由工程总承包企业负责施工管理的部门向项目部派出施工经理及施工管理人员，在项目执行过程中接受派遣部门和项目经理的管理，在满足项目矩阵式管理要求的形式下，实现项目施工的目标管理。

7.2 施工执行计划

7.2.4 项目部严格控制施工过程中有关工程设计和施工方案的重大变更。这些变更对施工执行计划将产生较大影响，需及时对影响范围和影响程度进行评审，当需要调整施工执行计划时，需按照规定重新履行审批程序。

7.3 施工进度控制

7.3.5 施工组对施工进度计划采取定期（按周或月）检查方式，掌握进度偏差情况，对影响因素进行分析，并按照规定提供月度施工进展报告，报告包括下列主要内容：

    1 施工进度执行情况综述；

    2 实际施工进度（图表）；

    3 已发生的变更、索赔及工程款支付情况；

    4 进度偏差情况及原因分析；

    5 解决偏差和问题的措施。

7.4 施工费用控制

7.4.1 项目部需进行施工范围规划和相应的工作结构分解，进而作出资源配置规划，确定施工范围内各类（项）活动所需资源的种类、数量、规格、品质等级和投入时间（周期）等，并作为进行施工费用估算和确定施工费用控制（支付）的基准。

7.4.3 项目部根据施工分包合同约定和施工进度计划，制定施工费用支付计划并予以控制。通常按下列程序进行：

    1 进行施工费用估算，确定计划费用控制基准。估算时，要考虑经济环境（如通货膨胀、税率和汇率等）的影响。当估算涉及重大不确定因素时，采取措施减小风险，并预留风险应急备用金。初步确定计划费用控制基准。

2 制定施工费用控制（支付）计划。在进行资源配置和费用估算的基础上，按照规定的费用核算和审核程序，明确相关的执行条件和约束条件（如许用限额、应急备用金等）并形成书面文件。

3 评估费用执行情况。对照计划的费用控制基准，确认实际发生与基准费用的偏差，做好分析和评价工作。采取措施对产生偏差的基本因素施加影响和纠正，使施工费用得到控制。

4 对影响施工费用的内外部因素进行监控，预测、预报费用变化情况，可按照规定程序作出合理调整，以保证工程项目正常进展。

7.5 施工质量控制

7.5.1 对特殊过程质量管理一般符合下列规定，并保存记录：

1 在质量计划中识别、界定特殊过程，或要求项目分包人进行识别，项目部加以确认；

2 按照有关程序编制或审核特殊过程作业指导书；

3 设置质量控制点对特殊过程进行监控，或对项目分包人控制的情况进行监督；

4 对施工条件变化而必须进行再确认的实施情况进行监督。

7.5.2 对设备、材料质量进行监督，确保合格的设备、材料应用于工程。对设备、材料质量的控制一般符合下列规定，并保存记录：

1 对进场的设备、材料按照有关标准和见证取样规定进行检验和标识，对未经检验或检验不合格的设备、材料按照规定进行隔离、标识和处置；

2 对项目分包人采购设备、材料的质量进行控制，必须保证合格的设备、材料用于工程；

3 对项目发包人提供的设备、材料依据合同约定进行质量控制，必须保证合格的设备、材料用于工程。

7.5.5 对施工过程质量进行测量监视所得到的数据，运用适宜的方法进行统计、分析和对比，识别质量持续改进的机会，确定改进目标，评审纠正措施的适宜性。采取合适的方式保证这一过程持续有效进行。

7.5.6 通过施工分包合同，明确项目分包人需承担的质量职责，审查项目分包人的质量计划与项目质量计划的一致性。

7.5.8 工程质量验收包括施工过程质量验收、工程质量预验收和竣工验收。

7.5.9 工程质量记录是反映施工过程质量结果的直接证据，是判定工程质量性能的重要依据。因此，保持质量记录的完整性和真实性是工程质量管理的重要内容。需组织或监督项目分包人做好工程竣工资料的收集、整理和归档等工作。同时，对项目分包人提供的竣工图纸和文件的质量进行评审。

7.6 施工安全管理

7.6.2 项目部进行施工安全管理策划的目的,是确定针对性的安全技术和管理措施计划,以控制和减少施工不安全因素,实现施工安全目标。策划过程包括对施工危险源的识别、风险评价和风险应对措施等的制定。

1 根据工程施工的特点和条件,识别需控制的施工危险源,它们涉及:

1) 正常的、周期性和临时性、紧急情况下的活动;

2) 进入施工现场所有人员的活动;

3) 施工现场内所有的物料、设施和设备。

2 采用适当的方法,根据对可预见的危险情况发生的可能性和后果的严重程度,评价已识别的全部施工危险源,根据风险评价结果,确定重大施工危险源。

3 风险应对措施根据风险程度确定:

1) 对一般风险通过现行运行程序和规定予以控制;

2) 对重大风险,除执行现行运行程序和规定予以控制外,还需编制专项施工方案或专项安全措施予以控制。

7.6.7 施工记录包括施工安全记录。

7.7 施工现场管理

7.7.1 现场施工开工前的准备工作一般包括下列主要内容:

1 现场管理组织及人员;

2 现场工作及生活条件;

3 施工所需的文件、资料以及管理程序和规章制度;

4 设备、材料、物资供应及施工设施、工器具准备;

5 落实工程施工费用;

6 检查施工人员进入现场并按计划开展工作的条件;

7 需要社会资源支持条件的落实情况。

通常,需将重要的准备工作纳入施工执行计划,作为施工管理的依据。

7.7.4 项目部需落实专人负责管理现场卫生防疫工作,并检查职业健康工作和急救设施等的有效性。

8 项目试运行管理

8.1 一 般 规 定

8.1.1 项目部在试运行阶段中的责任和义务，是依据合同约定的范围与目标向项目发包人提供试运行过程的指导和服务。对交钥匙工程，项目承包人依据合同约定对试运行负责。

8.1.3 试运行的准备工作包括：人力、机具、物资、能源、组织系统、许可证、安全、职业健康和环境保护，以及文件资料等的准备。试运行需要准备的资料包括：操作手册、维修手册和安全手册等，项目发包人委托事项及存在问题说明。

8.2 试运行执行计划

8.2.1 在项目初始阶段，试运行经理需根据合同和项目计划，组织编制试运行执行计划。

8.2.2 试运行执行计划包括下列主要内容：

1 总体说明：项目概况、编制依据、原则、试运行的目标、进度和试运行步骤，对可能影响试运行执行计划的问题提出解决方案；

2 组织机构：提出参加试运行的相关单位，明确各单位的职责范围，提出试运行组织指挥系统，明确各岗位的职责和分工；

3 进度计划：试运行进度表；

4 资源计划：包括人员、机具、材料、能源配备及应急设施和装备等计划；

5 费用计划：试运行费用计划的编制和使用原则，按照计划中确定的试运行期限，试运行负荷，试运行产量，原材料、能源和人工消耗等计算试运行费用；

6 培训计划：培训范围、方式、程序、时间和所需费用等；

11 项目发包人和相关方的责任分工：通常由项目发包人领导，组建统一指挥体系，明确各相关方的责任和义务。

8.2.3 为确保试运行执行计划正常实施和目标任务的实现，项目部及试运行经理明确试运行的输入要求（包括对施工安装达到竣工标准和要求，并认真检查实施绩效）和满足输出要求（为满足稳定生产或满足使用，提供合格的生产考核指标记录和现场证据），使试运行成为正式投入生产或投入使用的前提和基础。

8.3 试运行实施

8.3.1 试运行经理需依据合同约定，负责组织或协助项目发包人编制试运行方案。试运行方案宜包括下列主要内容：

    2 试运行方案的编制按照下列原则：

        1）编制试运行总体方案，包括生产主体、配套和辅助系统以及阶段性试运行安排；

        2）按照实际情况进行综合协调，合理安排配套和辅助系统先行或同步投运，以保证主体试运行的连续性和稳定性；

        3）按照实际情况统筹安排，为保证计划目标的实现，及时提出解决问题的措施和办法；

        4）对采用第三方技术或邀请示范操作团队时，事先征求专利商或示范操作团队的意见并形成书面文件，指导试运行工作正常进展。

    8、9 环境保护设施投运安排和安全及职业健康要求都需包括对应急预案的要求。

9 项目风险管理

9.2 风险识别

9.2.2 项目风险识别一般采用专家调查法、初始清单法、风险调查法、经验数据法和图解法等方法。

9.3 风险评估

9.3.2 项目风险评估一般采用调查和专家打分法、层次分析法、模糊数学法、统计和概率法、敏感性分析法、故障树分析法、蒙特卡洛模拟分析和影响图法等方法。

9.4 风险控制

9.4.2 项目风险控制一般采用审核检查法、费用偏差分析法和风险图表表示法等方法。

10　项目进度管理

10.1　一般规定

10.1.3　赢得值管理技术在项目进度管理中的运用，主要是控制进度偏差和时间偏差。网络计划技术在进度管理中的运用主要是关键线路法。用控制关键活动，分析总时差和自由时差来控制进度。用控制基本活动的进度来达到控制整个项目的进度。

10.2　进度计划

10.2.1　工作分解结构（WBS）是一种层次化的树状结构，是将项目划分为可以管理的项目工作任务单元。项目的工作分解结构一般分为以下层次：项目、单项工程、单位工程、组码、记账码和单元活动。通常按各层次制定进度计划。

10.2.2　进度计划不仅是单纯的进度安排，还载有资源。根据执行计划所消耗的各类资源预算值，按照每项具体任务的工作周期展开并进行资源分配。进度计划编制说明中风险分析包括经济风险、技术风险、环境风险和社会风险等。控制措施包括组织措施、经济措施和技术措施。

项目进度计划文件包括下列主要内容：

1　进度计划图表。可选择采用单代号网络图、双代号网络图、时标网络计划和隐含有活动逻辑关系的横道图。进度计划图表中宜包括测量基准、计划进度基准曲线及资源配置。

2　进度计划编制说明。包括进度计划编制依据、计划目标、关键线路说明、资源要求、外部约束条件、风险分析和控制措施。

10.2.3　项目总进度计划包括下列主要内容：

1　表示各单项工程的周期，以及最早开始时间，最早完成时间，最迟开始时间和最迟完成时间，并表示各单项工程之间的衔接；

2　表示主要单项工程设计进度的最早开始时间和最早完成时间，以及初步设计或基础工程设计完成时间；

3　表示关键设备、材料的采购进度计划，以及关键设备、材料运抵现场时间。关键设备、材料主要是指供货周期长和贵重材质的设备和材料；

4　表示各单项工程施工的最早开始时间和最早完成时间，以及主要单项施工分包工程的计划招标时间；

5　表示各单项工程试运行时间，以及供电、供水、供汽和供气时间，包括外部供给时间和内部单项（公用）工程向其他单项工程供给时间。

项目分进度计划是指项目总进度下的各级进度计划。

10.2.4 项目经理审查包括下列主要内容：

1 合同中规定的目标和主要控制点是否明确；

2 项目工作分解结构是否完整并符合项目范围要求；

3 设计、采购、施工和试运行之间交叉作业是否合理；

4 进度计划与外部条件是否衔接；

5 对风险因素的影响是否有防范对策和应对措施；

6 进度计划提出的资源要求是否能满足；

7 进度计划与质量、安全和费用计划等是否协调。

10.3 进 度 控 制

10.3.3 进度偏差分析需按下列程序进行：

1 进度偏差运用赢得值管理技术分析，直观性强，简单明了，但它不能确定进度计划中的关键线路，因此不能用赢得值管理技术取代网络计划分析。

2 在活动滞后时间预测可能影响进度时，运用网络计划中的关键活动、自由时差和总时差来分析对进度的影响。

进度计划工期的控制原则如下：

1） 在计划工期等于合同工期时，进度计划的控制符合下列规定：

① 在关键线路上的活动出现拖延时，调整相关活动的持续时间或相关活动之间的逻辑关系，使调整后的计划工期为原计划工期；

② 在活动拖延时间小于或等于自由时差时，计划工期可不作调整；

③ 在活动拖延时间大于自由时差，但不影响计划工期时，根据后续工作的特性进行处理。

2） 在计划工期小于合同工期时，若需要延长计划工期，不得超过合同工期。

3） 在活动超前完成影响后续工作的设备材料、资金和人力等资源的合理安排时，需消除影响或放慢进度。

10.3.4 项目进度执行报告包含当前进度和产生偏差的原因，并提出纠正措施。

10.3.7 项目部对设计、采购、施工和试运行之间的接口关系进行重点监控。

1 在设计与采购的接口关系中，对下列主要内容的接口进度实施重点控制：

1） 设计向采购提交请购文件；

2） 设计对报价的技术评审；

3） 采购向设计提交订货的关键设备资料；

4） 设计对制造厂图纸的审查、确认和返回；

5） 设计变更对采购进度的影响。

2 在设计与施工的接口关系中，对下列主要内容的接口进度实施重点控制：

      1）施工对设计的可施工性分析；

      2）设计文件交付；

      3）设计交底或图纸会审；

      4）设计变更对施工进度的影响。

  3 在设计与试运行的接口关系中，对下列主要内容的接口进度实施重点控制：

      1）试运行对设计提出试运行要求；

      2）设计提交试运行操作原则和要求；

      3）设计对试运行的指导与服务，以及在试运行过程中发现有关设计问题的处理对试运行进度的影响。

  4 在采购与施工的接口关系中，对下列主要内容的接口进度实施重点控制：

      1）所有设备、材料运抵现场；

      2）现场的开箱检验；

      3）施工过程中发现与设备、材料质量有关问题的处理对施工进度的影响；

      4）采购变更对施工进度的影响。

  5 在采购与试运行的接口关系中，对下列主要内容的接口进度实施重点控制：

      1）试运行所需材料及备件的确认；

      2）试运行过程中发现的与设备、材料质量有关问题的处理对试运行进度的影响。

  6 在施工与试运行的接口关系中，对下列主要内容的接口进度实施重点控制：

      1）施工执行计划与试运行执行计划不协调时对进度的影响；

      2）试运行过程中发现的施工问题的处理对进度的影响。

10.3.8 项目分包人依据合同约定，定期向项目部报告分包工程的进度。

11　项目质量管理

11.1　一般规定

11.1.3　质量管理人员（包括质量经理、质量工程师）在项目经理领导下，负责质量计划的制定和监督检查质量计划的实施。项目部建立质量责任制和考核办法，明确所有人员的质量管理职责。

11.2　质量计划

11.2.1　小型项目的质量计划可并入项目计划。

11.2.4　项目质量计划需包括下列主要内容：

3　所需的文件包括项目执行的标准规范和规程。

4　采取的措施包括项目所要求的评审、验证、确认监视、检验和试验活动。

项目质量计划的某些内容，可引用工程总承包企业质量体系文件的有关规定或在规定的基础上加以补充，但对本项目所特有的要求和过程的质量管理必须加以明确。

11.3　质量控制

11.3.1　项目部确定项目输入的控制程序或有关规定，并规定对输入的有效性评审的职责和要求，以及在项目部内部传递、使用和转换的程序。

11.3.2　项目部在设计、采购、施工和试运行接口关系中对质量实施重点监控。

1　在设计与采购的接口关系中，对下列主要内容的质量实施重点控制：

　1）请购文件的质量；

　2）报价技术评审的结论；

　3）供应商图纸的审查、确认。

2　在设计与施工的接口关系中，对下列主要内容的质量实施重点控制：

　1）施工向设计提出要求与可施工性分析的协调一致性；

　2）设计交底或图纸会审的组织与成效；

　3）现场提出的有关设计问题的处理对施工质量的影响；

　4）设计变更对施工质量的影响。

3　在设计与试运行的接口关系中，对下列主要内容的质量实施重点控制：

　1）设计满足试运行的要求；

2）试运行操作原则与要求的质量；

3）设计对试运行的指导与服务的质量。

4 在采购与施工的接口关系中，对下列主要内容的质量实施重点控制：

1）所有设备、材料运抵现场的进度与状况对施工质量的影响；

2）现场开箱检验的组织与成效；

3）与设备、材料质量有关问题的处理对施工质量的影响。

5 在采购与试运行的接口关系中，对下列主要内容的质量实施重点控制：

1）试运行所需材料及备件的确认；

2）试运行过程中出现的与设备、材料质量有关问题的处理对试运行结果的影响。

6 在施工与试运行的接口关系中，对下列主要内容的质量实施重点控制：

1）施工执行计划与试运行执行计划的协调一致性；

2）机械设备的试运转及缺陷修复的质量；

3）试运行过程中出现的施工问题的处理对试运行结果的影响。

11.3.3 没有设置质量经理的项目部，质量经理的工作由项目质量工程师完成。

不合格指产品质量的不合格品，不符合指管理体系运行的不符合项。

不合格品的控制符合下列规定：

1 对验证中发现的不合格品，按照不合格品控制程序规定进行标识、记录、评价、隔离和处置，防止非预期的使用或交付；

2 不合格品处置结果需传递到有关部门，其责任部门需进行不合格原因的分析，制定纠正措施，防止今后产生同样或同类的不合格品；

3 采取的纠正措施经验证效果不佳或未完全达到预期的效果时，需重新分析原因，进行下一轮计划、实施、检查和处理。

11.3.4 质量记录包括：评审记录和报告、验证记录、审核报告、检验报告、测试数据、鉴定（验收）报告、确认报告、校准报告、培训记录和质量成本报告等。

12 项目费用管理

12.1 一般规定

12.1.3 费用控制与进度控制、质量控制相互协调，防止对费用偏差采取不当的应对措施，而对质量和进度产生影响，或引起项目在后期出现较大风险。

12.2 费用估算

12.2.1 估算是为完成项目所需的资源及其所需费用的估计过程。在项目实施过程中，通常应编制初期控制估算、批准的控制估算、首次核定估算和二次核定估算。

估算，国际惯例的理解与国内所使用的含义不同。国内项目费用估算分为可行性研究报告或项目建议书投资估算、初步设计概算和施工图预算。而且上述估算、概算、预算通常指整个项目的投资总额，包括项目发包人负担的其他费用，例如建设单位管理费、试运行费等。国际惯例项目实施各阶段的费用估算都使用估算，在估算前加定义词以示区别，例如报价估算、初期控制估算、批准的控制估算和核定估算等。

本规范所指的估算和预算，仅指合同项目范围内的费用，不包括项目发包人负担的其他费用。

国际上通用项目费用估算有下列几种：

1 初期控制估算

初期控制估算是一种近似估算，在工艺设计初期采用分析估算法进行编制。在仅明确项目的规模、类型以及基本技术原则和要求等情况下，根据企业历年来按照统计学方法积累的工程数据、曲线、比值和图表等历史资料，对项目费用进行分析和估算，用作项目初期阶段费用控制的基准。

2 批准的控制估算

批准的控制估算的偏差幅度比初期控制估算的偏差幅度要小，在基础工程设计初期，用设备估算法进行编制。编制的主要依据是以工程项目所发表的工艺设计文件中得到已确定的设备表、工艺流程图和工艺数据，基础工程设计中有关的设计规格说明书（技术规定）和材料一览表，以及根据企业积累的工程经验数据等，结合项目的实际情况进行选取和确定各种费用系数，主要用作基础工程设计阶段的费用控制基准。

3 首次核定估算

此估算在基础工程设计完成时用设备详细估算法进行编制。首次核定估算偏差幅度比批准的控制估算的偏差幅度要小，用作详细工程设计阶段和施工阶段的费用控制基准。它依据的文件和资料是基础工程设计完成时发表的设计文件。由于文件深度原因，有的散装材料还需用系数估算有关费用。

首次核定估算的编制阶段与设计概算的编制阶段的设计条件比较接近，具体编制时可参照国内相关的初步设计概算编制规定。

4 二次核定估算

此估算在详细工程设计完成时用详细估算法进行编制，主要用以分析和预测项目竣工时的最终费用，并可作为工程施工结算的基础。它与施工图预算的编制的设计条件比较接近。设备和材料的价格采用订单上的价格。二次核定估算是偏差幅度最小的估算。编制依据为：

1） 工程详细设计图纸；

2） 设备、材料订货资料以及项目实施中各种实际费用和财务资料；

3） 企业定额；

4） 国家相关计价规范。

12.4 费 用 控 制

12.4.1 费用控制是工程总承包项目费用管理的核心内容。工程总承包项目的费用控制不仅是对项目建设过程中发生费用的监控和对大量费用数据的收集，更重要的是对各类费用数据进行正确分析并及时采取有效措施，从而达到将项目最终发生的费用控制在预算范围之内。

12.4.2 预算是把批准的控制估算分配到记账码及单元活动或工作包，并按进度计划进行叠加，得出费用预算（基准）计划。

预算，国际惯例的理解与国内所使用的含义亦不相同。国内在施工图设计中使用预算；国际惯例通常是将经过批准的控制估算称为预算，且该预算是指按 WBS 进行分解和按进度进行分配了的控制估算。

12.4.3 确定项目费用控制目标后，需定期（宜以每月为控制周期）对已完工作的预算费用与实际费用进行比较，实际值偏离预算值时，分析产生偏差的原因，采取适当的纠偏措施，以确保费用目标的实现。

13 项目安全、职业健康与环境管理

13.2 安 全 管 理

13.2.2 项目部需根据项目的安全管理目标，制定项目安全管理计划，并按规定程序批准实施。项目安全管理计划需包括下列主要内容：

3 危险源及其带来的安全风险是项目安全管理的核心。工程总承包项目的危险源，从下列几个方面辨识：

1） 项目的常规活动，如正常的施工活动；

2） 项目的非常规活动，如加班加点，抢修活动等；

3） 所有进入作业场所人员的活动，包括项目部成员，项目分包人，监理及项目发包人代表和访问者的活动；

4） 作业场所内所有的设施，包括项目自有设施，项目分包人拥有的设施，租赁的设施等。

编制危险源清单有助于辨识危险源，及时采取措施，减少事故的发生。该清单在项目初始阶段进行编制。清单的内容一般包括：危险源名称、性质、风险评价和可能的影响后果，需采取的对策或措施。

危险源辨识、风险评估和实施必要措施的程序如图2所示。

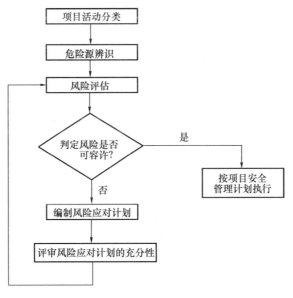

图 2 危险源辨识、风险评估与实施程序

13.2.3 项目部需对项目安全管理计划的实施进行管理。包括下列主要内容：

1 工程总承包企业最高管理者、企业各部门和项目部都为实施、控制和改进项目安全管理计划提供必要的人力、技术、物资、专项技能和财力等资源；

2 保证项目部人员和分包人等正确理解安全管理计划的内容和要求。

13.2.4 项目安全管理需贯穿于设计、采购、施工和试运行各阶段。

1 设计需满足项目运行使用过程中的安全以及施工安全操作和防护的需要，依规进行工程设计。

    1） 设计需保证项目本质安全，配合项目发包人报请当地安全、消防等机构的专项审查，确保项目实施及运行使用过程中的安全；

    2） 设计考虑施工安全操作和防护的需要，对涉及施工安全的重点部位和环节在设计文件中注明，并对防范安全事故提出指导意见；

    3） 采用新结构、新材料、新工艺的建设工程和特殊结构、特种设备的项目，在设计中提出保障施工作业人员安全和预防安全事故的措施建议。

2 项目采购对自行采购和分包采购的设备、材料和防护用品进行安全控制。采购合同包括相关安全要求的条款，并对供货、检验和运输安全作出明确规定。

3 施工阶段的安全管理需结合行业及项目特点，对施工过程中可能影响安全的因素进行管理。

4 项目试运行前，需对各单项工程组织安全验收。制定试运行安全技术措施，确保试运行过程的安全。

14 项目资源管理

14.1 一 般 规 定

14.1.2 项目资源优化是项目资源管理目标的计划预控，是项目计划的重要组成部分，包括资源规划、资源分配、资源组合、资源平衡和资源投入的时间安排等。

14.3 设备材料管理

14.3.2 项目部对拟进场的工程设备、材料进行检验，项目采购经理负责组织对到场设备、材料的到货状态当面进行核查、记录，办理交接手续。进场的设备、材料必须做到货物的型号、外观质量、数量和包装质量等各方面合格，资料齐全、准确。对检验验收过程中发现的不合格品实施有效的控制，并对待检设备、材料进行有效的防护和保管。

14.4 机 具 管 理

14.4.1 项目机具是指实施工程所需的各种施工机具、试运转工器具、检验与试验设备、办公用器具和项目部需要直接使用的其他设备资源。不包括移交给项目发包人的永久性工程设施。

14.5 技 术 管 理

14.5.3 工程总承包企业对项目有关著作权、专利权、专有技术权、商业秘密权和商标专用权等知识产权进行管理，同时尊重并合法使用他人的知识产权。

14.6 资 金 管 理

14.6.6 项目部对项目资金的收入和支出进行合理预测，对各种影响因素评估，调整项目管理行为，尽可能地避免资金风险。

15   项目沟通与信息管理

15.1   一 般 规 定

15.1.2   采用基于计算机网络的现代信息沟通技术进行项目信息沟通，并不排除面对面的沟通及其他沟通方式。

15.1.4   项目信息管理人员一般包括信息技术管理工程师（IT 工程师）和文件管理控制工程师，后者有时可由项目秘书兼任。

15.2   沟 通 管 理

15.2.1   项目沟通的内容包括项目建设有关的所有信息，项目部需做好与政府相关主管部门的沟通协调工作，按照相关主管部门的管理要求，提供项目信息，办理与设计、采购、施工和试运行相关的法定手续，获得审批或许可。做好与设计、采购、施工和试运行有直接关系的社会公用性单位的沟通协调工作，获取和提交相关的资料，办理相关的手续及审批。

15.2.2   沟通可以利用下列方式和渠道：

　　1   信息检索系统：包括档案系统、计算机数据库、项目管理软件和工程图纸等技术文件资料；

　　2   工作分解结构（WBS）。项目沟通与工作分解结构有着重要联系，可利用工作分解结构来编制沟通计划；

　　3   信息发送系统：包括会议纪要、文件、电子文档、共享的网络电子数据库、传真、电子邮件、网站、交谈和演讲等。

15.3   信 息 管 理

15.3.5   项目编码系统通常包括项目编码（PBS）、组织分解结构（OBS）编码、工作分解结构（WBS）编码、资源分解结构（RBS）编码、设备材料代码、费用代码和文件编码等。项目信息分类考虑分类的稳定性、兼容性、可扩展性、逻辑性和实用性。项目信息的编码考虑编码的唯一性、合理性、包容性和可扩充性并简单适用。

15.4   文 件 管 理

15.4.1   项目的文件和资料包括分包项目的文件和资料，在签订分包合同时需明确分包工程文件和资料的移交套数、移交时间、质量要求及验收标准等。工程资料的形成需与项目实施同步。分包工程完工后，项目分包人将有关工程资料依据合同约定移交。

15.4.2 项目数据、文字、表格、图纸和图像等信息，宜以电子化的形式存储。对具有法律效力的项目文档，需以纸质和电子化形式双重存储。

15.5 信息安全及保密

15.5.2 工程总承包企业需制定信息安全与保密管理程序、规定和措施，以保证文件、信息的安全，防止内部信息和领先技术的失密与流失，确保企业在市场中的竞争优势，包括下列主要工作：

   1 确保数据库的同步备份和异地灾害备份，避免项目信息数据的丢失；
   2 采用防火墙、数据加密等技术手段，防止被非法、恶意攻击、篡改或盗取；
   3 控制系统用户的权限，防止项目数据信息被不当利用或滥用。

16 项目合同管理

16.1 一般规定

16.1.2 工程总承包合同管理是指对合同订立并生效后所进行的履行、变更、违约、索赔、争议处理、终止或结束的全部活动的管理；分包合同管理是指对分包项目的招标、评标、谈判、合同订立，以及生效后的履行、变更、违约、索赔、争议处理、终止或结束的全部活动的管理。

16.2 工程总承包合同管理

16.2.2 工程总承包合同管理宜包括下列主要内容：

1 完整性和有效性是指合同文本的构成是否完整，合同的签署是否符合要求。

2 组织熟悉和研究合同文件，是项目经理在项目初始阶段的一项重要工作，是依法履约的基础。其目的是澄清和明确合同的全面要求并将其纳入项目实施过程中，避免潜在未满足项目发包人要求的风险。

16.2.7 项目部及合同管理人员依据合同约定及相关证据，对合同当事人及相关方承担的违约责任和（或）连带责任进行澄清和界定，其结果需形成书面文件，以作为受损失方用于获取补偿的证据。

16.2.9 项目合同文件管理需符合下列要求：

2 合同管理人员在履约中断、合同终止和（或）收尾结束时，做好合同文件的清点、保管或移交以及归档工作，满足合同相关方的需求。

16.2.10 合同收尾工作需符合下列要求：

1 当合同中没有明确规定时，合同收尾工作一般包括：收集并整理合同及所有相关的文件、资料、记录和信息，总结经验和教训，按照要求归档，实施正式的验收。依据合同约定获取正式书面验收文件。

16.3 分包合同管理

16.3.5 项目部需明确各类分包合同管理的职责。各类分包合同管理的职责如下：

1 设计：依据合同约定和要求，明确设计分包的职责范围，订立设计分包合同，协调和监督合同履行，确保设计目标和任务的实现；

2 采购：依据合同约定和要求，明确采购和服务的范围，订立采购分包合同，监督合同的履行，完成项目采购的目标和任务；

3 施工：依据合同约定和要求，在明确施工和服务职责范围的基础上，订立施工分包合同，监督和协调合同的履行，完成施工的目标和任务；

4 其他咨询服务：根据合同的需要，明确服务的职责范围，签订分包合同或协议，监督和协调分包合同或协议的履行，完成规定的目标和任务；

5 项目部对所有分包合同的管理职责，均与总承包合同管理职责协调一致，同时还需履行分包合同约定的项目承包人的责任和义务，并做好与项目分包人的配合与协调，提供必要的方便条件。

16.3.6 项目部可根据工程总承包项目的范围、内容、要求和资源状况等进行分包，分包方式根据项目实际情况确定。如果采用招标方式，其主要内容和程序需符合下列要求：

1 项目部需做好分包工程招标的准备工作，内容包括：

1）依据合同约定和项目计划要求，制定分包招标计划，落实需要的资源配置；

2）确定招标方式；

3）组织编制招标文件；

4）组建评标、谈判组织；

5）其他有关招标准备工作。

2 按照计划组织实施招标活动，内容包括：

1）按照规定的招标方式发布通告或邀请函；

2）对投标人进行资格预审或审查，确定合格投标人，发售招标文件；

3）组织招标文件的澄清；

4）接受合格投标人的投标书，并组织开标；

5）组织评标、决标；

6）发出中标通知书。

16.3.12 分包合同变更有下列两种情况：

1 项目部根据项目情况和需要，向项目分包人发出书面指令或通知，要求对分包范围和内容进行变更，经双方评审并确认后构成分包合同变更，按照变更程序处理；

2 项目部接受项目分包人书面的合理化建议，对其在技术性能、质量、安全维护、费用、进度和操作运行等方面的作用及产生的影响进行澄清和评审，确认后，构成分包合同变更，按照变更程序处理。

16.3.14 分包合同收尾纳入整个项目合同收尾范畴。

17 项 目 收 尾

17.4 项 目 总 结

17.4.1 项目总结报告需包括下列主要内容：

    1 项目概况及执行效果；

    2 报价及合同管理的经验和教训；

    3 项目管理工作的情况；

    4 项目的质量、安全、费用、进度的控制和管理情况；

    5 设计、采购、施工和试运行实施结果；

    6 项目管理最终数据汇总；

    7 项目管理取得的经验与教训；

    8 工作改进的建议。

图书在版编目（CIP）数据

EPC 工程总承包全过程管理/李森，张水波编著. —北京：
中国建筑工业出版社，2020.5（2024.5重印）
ISBN 978-7-112-24959-6

Ⅰ．①E… Ⅱ．①李… ②张… Ⅲ．①建筑工程-承包
工程-工程管理-研究 Ⅳ.①TU71

中国版本图书馆 CIP 数据核字（2020）第 041653 号

　　本书是由建设工程总承包管理规范主编编写的图书，围绕工程总承包
全过程管理编写，内容全面涵盖了整个工程总承包的过程。内容共分 5 篇，
包括组织和策划；设计和开发；采购管理；实施过程控制；绩效评价。
　　本书适合于相关专业人员使用。

责任编辑：张　磊　万　李
书籍设计：韩蒙恩
责任校对：赵　菲

EPC 工程总承包全过程管理
李　森　张水波　编著
＊
中国建筑工业出版社出版、发行（北京海淀三里河路 9 号）
各地新华书店、建筑书店经销
霸州市顺浩图文科技发展有限公司制版
建工社（河北）印刷有限公司印刷
＊
开本：787×1092 毫米　1/16　印张：16½　字数：367 千字
2020 年 7 月第一版　　2024 年 5 月第九次印刷
定价：**58.00** 元
ISBN 978-7-112-24959-6
　　　（35717）